Saggi

Piergiorgio Odifreddi

C'È SPAZIO PER TUTTI

Il grande racconto della geometria

MONDADORI

Dello stesso autore
in edizione Mondadori

Il club dei matematici solitari del prof. Odifreddi
Hai vinto, Galileo!

www.librimondadori.it

C'è spazio per tutti
di Piergiorgio Odifreddi
Collezione Saggi

ISBN 978-88-04-60331-3

I edizione ottobre 2010

Indice

C’è spazio per tutti

Qual è ’l geomètra che tutto s’affige
per misurar lo cerchio...

Ai geomètri della mia famiglia:
mio padre Santo,
i miei zii Alfonso e Domenico,
mia sorella Paola,
e mio cugino Sergio.
E me stesso...

Premessa

Il cielo di Giove

«Se ho visto più lontano di altri, è perché mi sono seduto sulle spalle dei giganti.» Non fu Newton a coniare l'espressione, che risale probabilmente a Bernardo di Chartres. Ma fu lui a citarla e a metterla in pratica nel migliore dei modi, sedendosi sulle spalle di Galileo e Keplero per osservare il cielo con l'occhio della mente, oltre che col cannocchiale.

Il risultato fu un libro memorabile, i *Principia mathematica*, che descriveva il sistema del mondo nel linguaggio geometrico. Quello stesso linguaggio che Galileo, appunto, aveva cantato qualche decennio prima, in uno storico e notissimo passaggio del *Saggiatore* (6):

> La filosofia è scritta in questo grandissimo libro che continuamente ci sta aperto innanzi a gli occhi (io dico l'universo), ma non si può intendere se prima non si impara a intender la lingua, e conoscer i caratteri, ne' quali è scritto. Egli è scritto in lingua matematica, e i caratteri son triangoli, cerchi, e altre figure geometriche, senza i quali mezi è impossibile a intenderne umanamente parola; senza questi è un aggirarsi vanamente per un oscuro laberinto.

Tre secoli prima di Galileo, un altro padre della nostra cultura aveva invece paragonato nel *Convivio* (II, 13) la geometria al cielo di Giove. Secondo Dante, infatti, come Giove splende di luce bianchissima, così la geometria è senza macchia d'errore e d'incertezza. E come il temperato Giove si muove tra il freddo Saturno e il caldo Marte, così la geometria naviga misuratamente tra il punto indivisibile e immisurabile, e il cerchio misurabile ma non quadrabile.

Alle visioni dello scienziato e del poeta, il divulgatore può utilitaristicamente aggiungere un vantaggio della geometria, rispetto al resto della matematica. Essa è infatti tanto concreta e sensoriale quanto le altre discipline sono astratte e cerebrali. Volendo iniziare un racconto della matematica, nel tempo della storia e nello spazio della geografia, è dunque naturale partire proprio dalla geometria.

E io lo farò, sedendomi sulle spalle non solo di Galileo e di Dante, ma anche di Borges, che nella prefazione della sua *Biblioteca inglese* dichiarò:

> Ho preferito insegnare ai miei studenti non la letteratura inglese, che ignoro, ma l'amore per certi autori. O, meglio ancora, per certe pagine. O, meglio ancora, per certe frasi. E questo basta, mi pare. Uno si innamora di una frase, poi di una pagina, poi dell'autore.

Anch'io ho preferito raccontare ai miei lettori non la storia della matematica, che ignoro, ma l'amore per certe discipline. O, meglio ancora, per certe dimostrazioni. O, meglio ancora, per certi risultati. E spero che questo basti. Uno si innamora di un risultato, poi di una dimostrazione, poi di una disciplina.

Apri dunque il tuo cuore alla matematica, e preparati a innamorarti.

Introduzione

Facciamo un po' di spazio

Stai per cominciare a leggere la storia della geometria: cioè, *lo sviluppo nel tempo del concetto di spazio*. Uno studio antico, per iniziare il quale risaliremo a quattromila anni fa, e visiteremo insieme le antiche civiltà degli Egizi e degli Indiani. Ci concentreremo poi a lungo sui Greci di duemila anni fa, e termineremo infine con gli Arabi e gli Europei degli ultimi secoli.

La nostra storia partirà dalle prime testimonianze che ci sono rimaste. Ma poiché esse ci mostrano una matematica ormai già ben sviluppata, dovremo tenerci la curiosità su ciò che dev'esserci stato prima: un percorso probabilmente molto più lungo, tortuoso e incerto, di cui però si sono perse le tracce.

Peccato, perché così non potremo sapere come si è arrivati a concepire e sviluppare i concetti che saranno i protagonisti della nostra storia. Anzitutto, gli oggetti della geometria: *punti, segmenti, angoli, rette, curve, figure, superfici* e *solidi*. Poi, le loro misure: *lunghezze, aree* e *volumi*. E infine, i loro contenitori: i *piani* e lo *spazio*.

Un po' infantile, questa geometria

Un paio di modi per rimediare forse ci sarebbero, ma qui potremo solo accennarvi, perché appartengono a discipline diverse dalla matematica. Il primo di questi modi è chiedere aiuto alla *psicologia*, per capire come i concetti geometrici si sviluppano nel bambino e nell'adolescente, nella speranza che la storia individuale dei singoli uomini ricalchi, almeno parzialmente, quella collettiva dell'umanità.

In questo campo, il lavoro pionieristico è stato fatto dallo svizzero Jean Piaget, che per sessant'anni ha studiato a fondo lo sviluppo della concezione logica, matematica e fisica del mondo, dalla nascita dell'individuo alla sua maturità. Nel 1948 egli ha «riassunto» i risultati geometrici delle sue ricerche in due ponderosi volumi, intitolati *La rappresentazione dello spazio nel bambino* e *La geometria spontanea del bambino*. E la sorpresa è stata che, nonostante la speranza manifestata poco sopra, l'individuo arriva alle nozioni geometriche seguendo un percorso che procede in direzione esattamente contraria a quello delle scoperte effettuate nel corso della storia che racconteremo.

Più precisamente, agli inizi il bambino piccolo è in grado di distinguere fra loro le forme, e riesce presto a disegnare diversamente oggetti che hanno forme diverse: ad esempio, una persona e una casa. Ci vogliono però alcuni anni perché egli sviluppi la capacità di disegnare gli oggetti nella corretta relazione spaziale: ad esempio, una persona al livello del terreno, invece che sul tetto o per aria, alla maniera di Chagall. E devono passare ancora altri anni perché si acquisti infine l'abilità di disegnare in scala, con le corrette relazioni fra le dimensioni: ad esempio, facendo una persona più piccola di una casa e più grande di un cane.

I tre stadi corrispondono sostanzialmente a tre tipi di geometria (*topologica* ottocentesca, *proiettiva* rinascimentale e *metrica* greca) sui quali ci soffermeremo via via nella nostra storia, ma appunto in ordine inverso. Il che conferma il sospetto che alla storia scritta della geometria in particolare, e della matematica in generale, manchi tutta una parte iniziale, che corrisponde al periodo primitivo e, letteralmente, preistorico.

Forse la si potrebbe parzialmente recuperare osservando lo sviluppo della matematica nelle piccole società senza

Marc Chagall, *La passeggiata*, 1917-18.

scrittura, che ancora esistono negli angoli remoti del globo: una sorta di *Etnomatematica*, come nel titolo di due volumi pubblicati qualche anno fa, uno di Ubiratan D'Ambrosio del 1990 e l'altro di Marcia Ascher del 1991. Si tratta però soltanto di abbozzi preliminari, non ancora paragonabili agli studi sistematici sulla psicologia dello sviluppo di Piaget e della sua scuola.

Chissà che senso ha

Il secondo modo per ovviare alla mancanza della storia iniziale della geometria è invece scomodare la *fisiologia*, per cercare di dedurre dalla struttura del nostro corpo e dei nostri sensi i concetti su cui essa si basa. Questa volta, nella speranza di dimostrare che non potevano essere altro che così.

I nostri sensi sicuramente intervengono nel processo di formazione dei concetti geometrici, ma ovviamente non vi sono coinvolti tutti allo stesso modo. Quelli chimici, come il gusto e l'olfatto, non hanno in pratica nessuna influenza sulla nostra percezione dello spazio. Ne hanno invece una essenziale quelli fisici, come la vista, l'udito e il tatto. E la vista la fa naturalmente da padrona, come dimostra lo stretto legame che ha unito l'*ottica* e la geometria fin dall'antichità.

Questo legame si basa su due semplici fatti. Da una parte, c'è l'accidente fisiologico di avere due occhi che guardano entrambi nella stessa direzione. Le due immagini che essi forniscono sono simili, ma diverse: lo si può constatare facilmente, tenendo fisso lo sguardo su un oggetto e chiudendo alternativamente gli occhi.

Dall'altra parte, c'è una necessità geometrica, che per ora ci limitiamo a enunciare con il nome pomposo di *criterio* ALA (*Angolo-Lato-Angolo*): *un triangolo è completamente determinato da un lato e dai due angoli a esso adiacenti*.

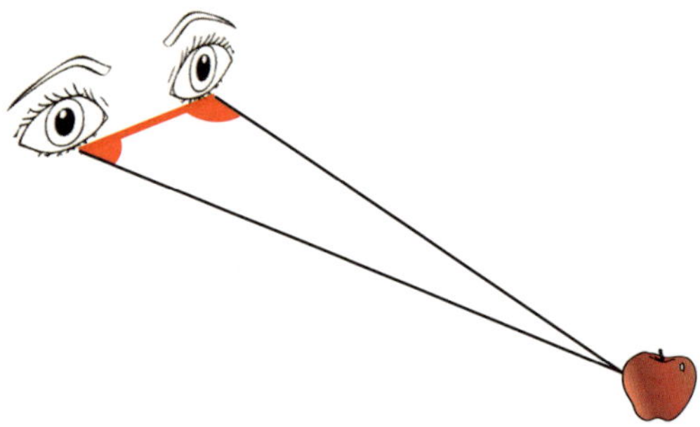

Nella visione, il lato è la distanza tra i due occhi, che è fissa. I due angoli sono ricavati dal cervello, in base alle differenze delle due immagini. E poiché questi tre dati determinano l'intero triangolo, il cervello ne ricava automaticamente anche la distanza dell'oggetto. Il che dimostra, di passaggio, che anche coloro che pensano e dicono di non capire niente di matematica, in realtà la conoscono e la usano sistematicamente, senza neppure accorgersene!

È dunque proprio la geometria a permetterci di percepire la profondità, attraverso la cosiddetta *visione binoculare*. Se avessimo un occhio solo, come i ciclopi, o ne avessimo due ai lati della testa, come gli uccelli, non disporremmo di due immagini dello stesso oggetto da integrare, e vedremmo il mondo appiattito e senza profondità. Se invece fossimo strabici, le due immagini sarebbero troppo diverse per poter essere integrate, e la nostra visione del mondo si sdoppierebbe. Se infine si inceppasse il meccanismo di integrazione cerebrale fra le immagini, il mondo diventerebbe un incomprensibile garbuglio, come le immagini 3D non osservate nella maniera e alla distanza corrette.

Benché la visione binoculare sia la massima responsabile della nostra sensazione di profondità dello spazio, non è certo l'unica. L'*udito stereofonico* ce ne fornisce un indizio complementare, basato su un principio diverso. Questa volta le due orecchie effettuano due rilevazioni diverse di ciascun suono, e il cervello è in grado di dedurne la direzione di provenienza in base allo scarto tra i tempi di arrivo.

Fra l'altro, il suono può aggirare gli ostacoli, a differenza della luce, che si propaga solo in linea retta. Non c'è dunque bisogno che le orecchie siano dirette nella stessa direzione, come gli occhi, per essere in grado di fornire un udito stereofonico. Serve invece che siano poste alla massima distanza possibile, per permettere scarti temporali maggiori, e questo spiega perché esse siano state selezionate ai lati estremi della testa.

Visione binoculare e udito stereofonico si integrano a vicenda nel fornirci la sensazione di profondità dello spazio, e ci permettono di costruire un'immagine sostanzialmente bidimensionale del mondo. Una vera percezione tridimensionale la acquistiamo invece tramite il movimento della testa, grazie al meccanismo dei *canali semicircolari*: tre strutture, ovviamente fatte a forma di semicerchio, e ripiene di un fluido gelatinoso in cui sono sospese delle formazioni calcaree chiamate *otoliti*, «sassolini dell'orecchio».

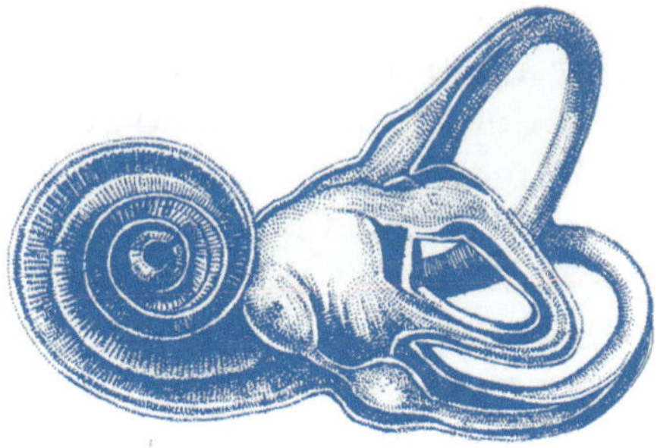

Questi canali costituiscono un vero e proprio organo di un senso, che in genere non si enumera tra i «magnifici cinque», ma che è altrettanto importante di essi: l'*equilibrio*. I tre canali sono infatti disposti su tre piani perpendicolari fra loro, e ci forniscono informazioni sulla posizione nello spazio della testa e del corpo, in base al movimento sui tre piani degli otoliti.

Precisamente, la forza di gravità fa continuamente scivolare gli otoliti nel fluido verso il basso. Muovendosi, essi stimolano delle ciglia che si trovano sulle pareti dei canali. E le ciglia stimolate, a loro volta, informano il cervello dei movimenti degli otoliti. Il tutto costituisce un'altra bell'impresa matematica complessiva, sia computazionale che geometrica, alla faccia di quegli «squilibrati» che sostengono di non capire nulla di matematica!

Da ultimo, anche gli organi del senso del *tatto* contribuiscono alla costruzione della nostra immagine del mondo, in almeno due modi. Anzitutto, varie parti del corpo forniscono delle naturali unità di misura assolute, alle quali possiamo riportare tutte le lunghezze. Non a caso, nel corso della storia si sono usate unità quali i pollici, i piedi e le braccia, le prime due delle quali rimangono tuttora in uso nei paesi anglosassoni coi nomi di *inch* e *foot* (quest'ultimo, corrispondente a 12 *inches*).

La poca sensibilità della nostra pelle ci fa poi percepire le superfici di molti materiali, dal legno al marmo, come lisce, quando passiamo su di esse un dito o una mano. Per astrazione, finiamo dunque di considerare lo spazio come sostanzialmente *continuo*, invece che discreto. Se avessimo delle chele al posto delle dita, come i granchi, probabilmente faremmo il contrario.

Lo vedo, ma non ci credo

A proposito di granchi, siamo proprio sicuri di non prenderne qualcuno, quando percepiamo il mondo esterno? Detto più filosoficamente, come possiamo essere certi che i sensi non ci ingannino, e ci facciano percepire effettivamente il mondo per quello che è? E dunque, in particolare, che la geometria che costruiamo a partire dalle nostre percezioni non sia solo una nostra bella invenzione umana, ma una caratteristica oggettiva del mondo?

A metterci in guardia con precisi fatti scientifici, e non soltanto con vaghi dubbi filosofici, ci pensa la *fenomenologia* della visione. Più di un secolo fa, nel 1870, studiando *L'origine e il significato degli assiomi geometrici*, Hermann von Helmoltz si accorse infatti che la nostra percezione distorce le rette e i piani.

Un esempio tipico è un piano aereo di nuvole, che quando viene osservato da terra appare curvarsi all'ingiù agli estremi: non a caso, parliamo di *volta* celeste, benché il cielo nuvoloso sia spesso un piano bianco. Un altro esempio è il piano terrestre, che quando viene osservato da un grattacielo o da un pallone volante appare invece curvarsi all'insù (la curvatura della Terra non c'entra, ovviamente, anche perché va nell'*altra* direzione).

Più recentemente, nel 1947, Rudolf Lunenburg ha proposto un'*Analisi matematica della visione binoculare*, dalla quale emerge che la geometria della percezione visiva è di un tipo diverso da quella che ci insegnano a scuola. Nei

Vincent Van Gogh, *La stanza di Arles*, 1888.

termini che impareremo a conoscere nel corso della nostra storia, si tratta più precisamente di una geometria «iperbolica», non euclidea.

Anche senza scomodare gli scienziati, che qualcosa andasse storto nel rapporto fra geometria e visione l'avevano comunqe già capito gli artisti. Primo fra tutti Vincent Van Gogh, che nel 1888 cercò di rappresentare la *Stanza di Arles* nel modo in cui veramente la vedeva, invece che alla maniera stabilita dalle regole della prospettiva, e il risultato fu un quadro straniante e allucinato.

Arte a parte, una lunga serie di paradossi visivi ci mostra efficacemente la tensione tra le aspettative teoriche e le percezioni pratiche, a partire dalla valutazione delle lunghezze. Ad esempio il fatto, scoperto da Adolf Fick nel 1851, che un segmento interrotto appare decisamente più corto di uno della stessa lunghezza che lo interrompe.

La più famosa delle illusioni sulle lunghezze, inventata nel 1889 da Franz Müller-Lyer, riguarda invece due frecce uguali, che vengono percepite come differenti solo perché le loro punte vanno in direzione opposta.

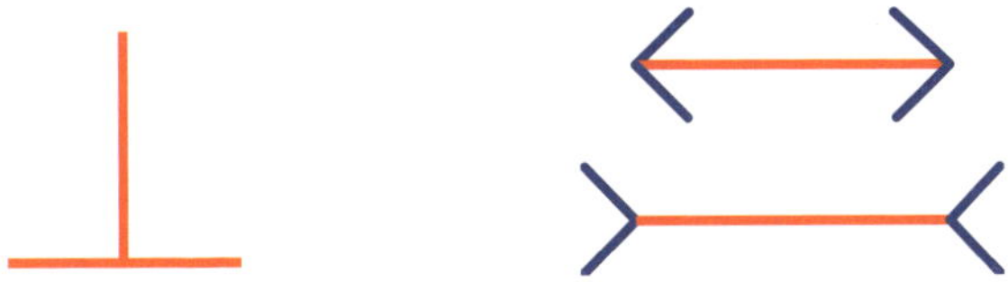

Che la valutazione delle grandezze dipenda fortemente dai riferimenti, è anche mostrato dall'illusione scoperta nel 1897 da Theodor Lipps, secondo cui uno stesso cerchio ci appare più piccolo se circondato da cerchi grandi, e più grande se circondato da cerchi piccoli:

L'arte ottica ha sfruttato sistematicamente questo genere di illusioni, disponendo segmenti, poligoni e curve in modo da generare percezioni instabili e fluttuanti, ma i trucchi più efficaci riguardano gli inganni del parallelismo. Il più antico di essi, già illustrato in un mosaico romano del Puy-de-Dôme, mostra come il semplice sfasamento delle righe di una scacchiera crei un'illusione di cunei alternati:

Mentre nell'esempio precedente le rette parallele sembrano convergere, ma mantengono la loro rettilineità, nei prossimi due sembrano deformarsi. Scoperti da Ewald Hering nel 1861 e Wilhelm Wundt nel 1896, i due effetti si ottengono inserendo le rette parallele in due fasci di rette, e sono stati sistematicamente usati negli anni Sessanta da Richard Anuskiewicz per ottenere disegni otticamente instabili:

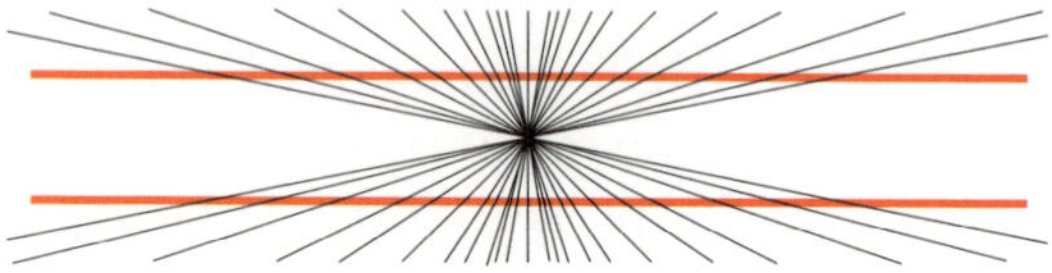

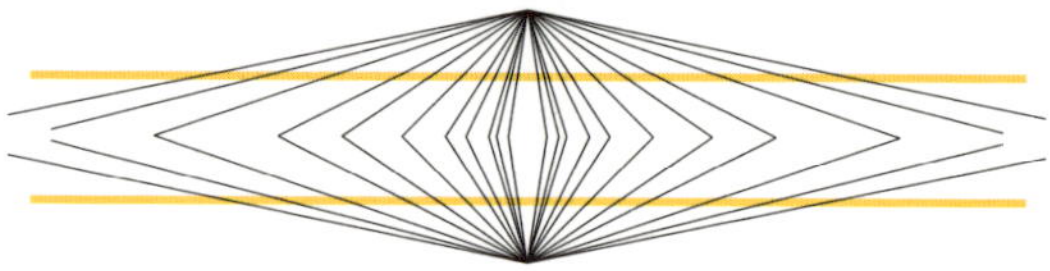

Sostituendo alle rette parallele dei cerchi concentrici, e al fascio di rette un fascio di curve passanti per il centro, si ottiene la sorprendente spirale scoperta da James Frazer nel 1908. La sorpresa non svanisce, e l'illusorietà permane, anche dopo aver controllato con un dito o una matita che, effettivamente, ci sono soltanto cerchi.

Le porte della percezione

A questo punto, dubitare della veridicità delle nostre percezioni geometriche diventa un imperativo categorico, come avrebbe detto il filosofo Immanuel Kant. Ma a tranquillizzarci ci pensò lui stesso nel 1781, dedicando una parte della sua ponderosa *Critica della ragion pura* a spiegare che ci dobbiamo rassegnare.

La sua idea è che, intanto, non sapremo mai com'è fatto veramente il mondo, che lui chiamava *noumeno*, o «cosa in sé». E non lo sapremo perché sono i sensi a filtrare, e il cervello a elaborare, tutto ciò che noi possiamo conoscere, e che lui chiamava *fenomeno*, o «apparenza». E poiché abbiamo l'apparato sensoriale e cerebrale che abbiamo, ce lo dobbiamo tenere, in quanto costituisce la cassetta degli attrezzi che riceviamo in dotazione quando veniamo al mondo, e che caratterizza il nostro essere umani.

Il che non impedisce ai poeti di fantasticare su cosa succederebbe se riuscissimo a liberarci di quelli che Kant, nel suo linguaggio da filosofo tedesco, chiamava gli *a priori* della nostra conoscenza: tra essi, in particolare, la nozione di spazio geometrico.

Una di queste fantasticherie la azzardò nel 1793 William Blake, nel *Matrimonio fra il cielo e l'inferno:*

> Se si purificassero le porte della percezione, tutte le cose apparirebbero all'uomo come sono, infinite. Perché l'uomo rimane rinchiuso, finché vede ogni cosa attraverso le strette fessure della sua caverna.

Nel 1953 lo scrittore Aldous Huxley tentò questa purificazione sperimentando la mescalina, estratta dal cactus messicano chiamato peyote: i risultati li descrisse nel 1954 in *Le porte della percezione*, e nel 1956 in *Paradiso e Inferno*. Effetti analoghi si ottengono in generale con tutte le droghe allucinogene: da quelle naturali, come la stessa mescalina, o la psilocibina estratta dai funghi allucinogeni, a quelle artificiali, come l'ecstasy e l'LSD, sintetizzate rispettivamente nel 1912 dai laboratori Merck e nel 1938 da Albert Hoffmann.

Naturalmente, gli allucinogeni distorcono in modo radicale le percezioni sensoriali, ma non le eliminano. E, ancora una volta, non sapremo mai se essi riescono effettivamente a liberare da una percezione corrotta, o si limitano invece a deformare una percezione corretta. Certo permettono di uscire temporaneamente e parzialmente dagli *a priori* imposti dalla fisiologia, per sperimentare mondi alternativi e geometrie non canoniche.

E poiché non provocano né dipendenza, né astinenza, non stupisce che gli allucinogeni siano stati sperimentati sistematicamente non solo da scrittori e artisti, ma anche da scienziati come Francis Crick, Richard Feynman e Kary Mullis, rispettivamente premi Nobel per la medicina nel 1962, la fisica nel 1965 e la chimica nel 1993. Oltre che, naturalmente, da una varietà di culture e religioni nel corso della storia, tutte tese a superare i limiti imposti dalla Natura alla conoscenza del mondo, dello spazio e della geometria.

Spazio agli animali

Kant aveva certamente ragione, quando affermava che lo spazio e la geometria sono determinati dagli *a priori* che l'individuo eredita alla nascita. Ma la sua era una visione senza storia, che non teneva conto del fatto che l'uomo non è staticamente ciò che è, ma è ciò che la Natura ha dinamicamente fatto di lui nel corso dell'evoluzione.

Nel 1941 l'etologo Konrad Lorenz ha riesaminato *La dottrina kantiana dell'a priori alla luce della biologia contemporanea*, in un omonimo saggio. E ha notato che non basta dire che, *per l'individuo, il modo in cui esso percepisce lo spazio è un a priori*: bisogna anche aggiungere che, *per la specie, è un a posteriori*. Noi, che parliamo come mangiamo, diremmo semplicemente che la specie umana ha la propria visione del mondo e la propria geometria percettiva, ma le altre specie hanno le loro, a seconda della cassetta degli attrezzi che hanno ricevuto in dotazione dalla Natura.

Pensiamo ai crostacei e agli insetti, ad esempio, i cui occhi composti sono costituiti di occhi semplici, chiamati *om-*

L'occhio della mosca.

Pablo Picasso,
Ritratto di Ambroise Vollard,
1909-10.

matidi, in numero altamente variabile: 20 nei crostacei, 4000 nelle mosche, 5000 nelle api, 15.000 nei lepidotteri, 30.000 nelle libellule... L'occhio composto non vede un'unica immagine continua come la nostra, ma un mosaico di immagini percepite dagli ommatidi, simile a uno specchio infranto. O a un quadro cubista o puntinista. O a uno schermo di computer con grossi *pixel* a bassa risoluzione.

I ragni, invece, di occhi ne hanno in genere otto, anche se alcuni ne hanno sei, e pochissimi di meno (quattro, due, e raramente anche nessuno). Ma la quantità non costituisce qualità, in questo caso: anzi, gli occhi dei ragni forniscono solo una visione diffusa, che richiede di essere fortemente integrata con l'aiuto del tatto, della vibrazione e del gusto. Possiamo immaginarci che la geometria dei ragni sarebbe forse più gustosa, ma certo molto diversa dalla nostra, che è basata fondamentalmente su un'ottica acuta e ad alta definizione.

Quanto agli invertebrati, in genere non hanno neppure dei veri occhi provvisti di una lente: solo *macchie oculari* fotosensibili, in grado di captare la luce, ma non di fornire immagini. Un bell'esempio sono i platelminti, la cui vita è un vero piattume: come dice il loro nome, infatti, si tratta di vermi piatti, che difficilmente possiedono un senso sviluppato della tridimensionalità dello spazio. Cosa, d'altronde, difficile da immaginare non solo per i vermi in generale, ma anche per i serpenti: tutti esseri, questi, confinati a strisciare su una superficie.

La mancanza di occhi non è comunque un impedimento assoluto allo sviluppo di un senso spaziale. Lo dimostrano non solo il nostro sistema di canali circolari, senza il quale i ciechi non potrebbero mantenere l'equilibrio, ma anche le *statocisti* («sacche di stato») delle meduse, che permettono loro di orientarsi in risposta alla gravità, e di raddrizzarsi quando è necessario. I due sistemi funzionano in maniera analoga, registrando il movimento gravitazionale degli otoliti nel primo caso, e delle *statoliti* («pietre di stato») nel secondo.

Rimarremmo però ancora troppo antropocentrici, se limitassimo il discorso alle variazioni animali degli organi umani. L'evoluzione ha infatti dotato specie diverse di sistemi sensoriali diversi, che in molti casi sono preclusi agli uomini: primi fra tutti i *sonar*, che permettono a pipistrelli e delfini di orientarsi acusticamente, invece che otticamente.

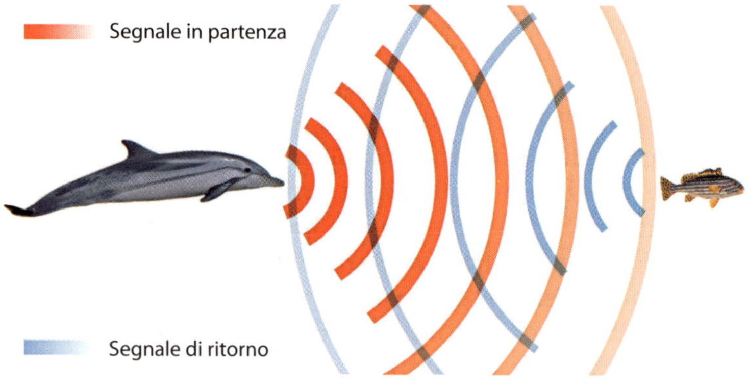

Sarebbe un esercizio di immaginazione interessante, ma difficile, cercare di capire *Cosa si prova a essere un pipistrello*, come ha proposto nel 1974 il filosofo Thomas Nagel in un omonimo saggio. Ancora più difficile sarebbe cercare di capire cosa si prova a essere un delfino, il cui sistema di sonar è localizzato non nell'orecchio, come per il pipistrello, ma nella mascella inferiore.

Non parliamo poi di cercare di capire cosa si prova a essere un pesce elefante, che si orienta e comunica grazie a una specie di sonar basato sulla riflessione non del suono, ma di un campo elettrico. O cosa si prova a essere un'ape, in grado di percepire il campo magnetico terrestre come una bussola, e di orientarsi in base a quello. Una geometria dedotta da un campo elettromagnetico sarebbe probabilmente basata su una griglia non di rette parallele «euclidee», ma di linee di forza curve «riemanniane», come quelle evidenziate dalla limatura di ferro attorno a una calamita.

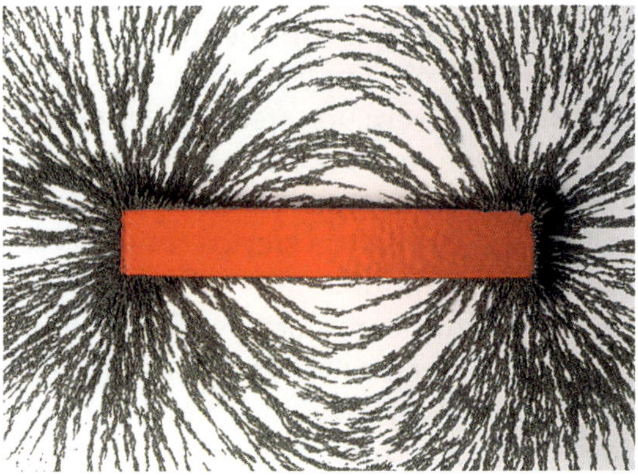

Molto più facile è intuire cosa si provi a essere un animale con l'udito o la vista più sviluppati dei nostri. Un cane o un elefante, ad esempio, in grado di percepire rispettivamente gli ultrasuoni o gli infrasuoni. Oppure un uccello o un serpente, in grado di percepire rispettivamente la luce ultravioletta o infrarossa (e dunque, in quest'ultimo caso, di sentire il calore con la vista, invece che col tatto). Certo il mondo ci apparirebbe molto più musicale e colorato, anche se questo probabilmente avrebbe avuto poca influenza sullo sviluppo della nostra geometria in bianco e nero.

Immagine di uno stesso fiore, a luce visibile e ultravioletta.

Torniamo coi piedi per terra

Un'influenza l'avrebbe sicuramente avuta una *geografia* diversa da quella del pianeta sul quale viviamo. Ad esempio, la Terra poteva essere una sfera con un piccolo raggio, invece di una grande sfera, che a breve distanza si confonde con un piano. In tal caso, avremmo probabilmente sviluppato prima una geometria sferica che una piana, e non il contrario, come vedremo.

Se invece avessimo cominciato a far matematica prima di uscire dall'acqua, e non dopo, avremmo probabilmente inventato uno spazio limitato, e non infinito. La superficie del mare o di un fiume riflette infatti il fondo, come si può facilmente verificare guardando dal di sotto il livello di una bottiglia d'acqua posata sul tavolo. Dunque, la volta celeste dei pesci è molto più costretta della nostra.

Certamente, comunque, non è così claustrofobica come il tubo intestinale in cui è costretta a vivere una tenia, prima che qualche purga la costringa a uscire a «riveder le stelle». Ciò nonostante, la sua geometria cilindrica sarebbe abbastanza simile a quella alla quale siamo abituati. Come vedremo, il cilindro ha infatti la stessa geometria del piano, benché la curvatura lo faccia sembrare a prima vista più simile a una sfera.

In conclusione, gli esempi di questa introduzione ci fanno capire che gli *a priori* imposti dalla nostra storia evolutiva rendono sì la nostra concezione di spazio «umana, troppo umana». Ma ci lasciano anche sperare che possiamo almeno in parte affrancarcene, perché forse essi influiscono più sull'ordine col quale l'edificio della geometria viene costruito, che non sul risultato finale. Incominciamo dunque ora a descrivere quell'ordine, nell'attesa di poter giudicare alla fine questo risultato.

I

Oscuri segreti lungo il Nilo

Gli Egizi

C'era una volta... «Un re!» diranno subito i miei lettori. No, ragazzi, avete sbagliato! C'era una volta più di un re: un faraone, di nome Ammenemes III, vissuto nel Medio Regno alla fine della XII dinastia, verso l'anno –1800.

Non era un faraone «mediatico», come alcuni suoi successori della XVIII e XIX dinastia del Nuovo Regno, che oggi tutti ricordano. Hatshepsut, ad esempio, la donna che si cinse della doppia corona dell'Alto e del Basso Egitto, e fu seppellita in una monumentale tomba ad anfiteatro nella Valle dei Re. O Amenophis IV, inventore del monoteismo, che assunse il nome di Akhenaton in onore del dio solare Aton. O Tutankhamon, suo figlio e restauratore dell'ortodossia di Amon, la cui tomba ha rivelato il tesoro ora conservato al Museo del Cairo. O Ramses II, trionfatore della battaglia di Kadesh, le cui quattro statue colossali guardano da più di tremila anni il Nilo che scorre a Abu Simbel.

Ai suoi tempi, però, Ammenemes III era un faraone importante. E così si considerava lui stesso, tanto da farsi erigere ben due piramidi: una a Dahshur, e l'altra a Hawara. Il tempio funerario di quest'ultima costituiva un famoso labirinto, che i primi viaggiatori greci scambiarono per una copia di quello del palazzo di Cnosso, in realtà posteriore di qualche secolo. Nel secondo libro delle *Storie,* Erodoto ne parla come di una meraviglia superiore alle stesse piramidi. E nell'ultimo libro della *Geografia,* Strabone ne descrive il dedalo di cortili e corridoi, che lasciava sbalorditi e disorientati i visitatori.

La chiave dello scrigno misterioso

È sotto il regno di Ammenemes III che fu scritta una raccolta di 87 problemi, con le relative soluzioni, che costituisce una delle più antiche testimonianze sulla matematica di tutti i tempi. Questa raccolta fu trascritta su un papiro qualche decennio dopo, nel Secondo Periodo Intermedio, quando l'Egitto cadde sotto la dominazione degli Hyksos.

In seguito il papiro scomparve nell'oblio per più di tremilacinquecento anni. Fu poi ritrovato a Tebe a metà Ottocento, in un edificio nei pressi del tempio funerario di Ramses II. Oggi lo si chiama *papiro di Rhind*, dal nome dello scozzese Alexander Harry Rhind, che lo comprò nel 1858 a Luxor. Viene conservato al British Museum e inizia come i nostri libri, riportando il titolo, il periodo di composizione, la data di edizione e l'editore (ma non l'autore):

> *Metodo corretto per entrare nella Natura e conoscere tutto ciò che esiste, ogni mistero e ogni segreto*
>
> Questo libro è stato copiato nell'anno 33, quarto mese della stagione dell'inondazione, sotto la maestà del re dell'Alto e Basso Egitto Auser Ra, vivente, da scritti fatti nel passato, al tempo del re dell'Alto e Basso Egitto Ammenemes III, defunto.
>
> È lo scriba Ahmose ad averlo copiato.

Naturalmente, leggendo queste poche righe in italiano non dobbiamo dimenticare che, per poter affrontare i misteri e segreti della Natura svelati dal papiro, si sono prima dovuti svelare quelli che esso stesso celava, cioè la scrittura geroglifica e la lingua egizia. Senza il fortunato ritrovamento della stele di Rosetta nel 1799, durante la campagna d'Egitto di Napoleone, e senza l'audace *Resoconto del sistema geroglifico degli antichi Egizi* di Jean-François Champollion nel 1824, oggi i papiri egizi rimarrebbero tanto incomprensibili quanto le stele maya.

Fin dal titolo del papiro di Rhind capiamo che gli Egizi vedevano la Natura come uno scrigno misterioso, e la matematica come la chiave per poterlo aprire. Una chiave

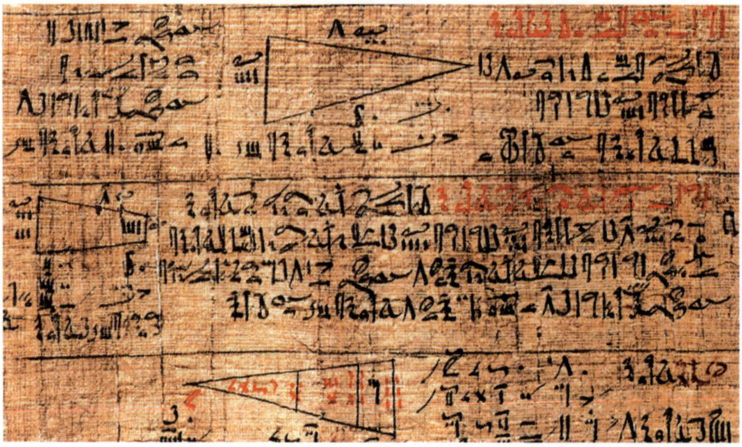

Problema 56 del papiro di Rhind, particolare.

iniziatica ed esoterica, visto che le soluzioni ai problemi venivano enunciate senza dimostrazioni, anche se qualcuno doveva pur averle intuite e verificate in qualche modo.

Questo metodo rifletteva, in una certa misura, la struttura politica e sociale dell'antico Egitto, comune ad altri regni dell'antichità: nell'assolutismo, infatti, chi comanda non ha il dovere di giustificare i propri ordini, né chi obbedisce ha il diritto di discuterli. Diverso sarà in Grecia al tempo della democrazia, quando gli ordini saranno dati ed eseguiti solo dopo un patto di mutuo consenso, preceduto da discussioni relativamente aperte, che si tradurranno in matematica nel metodo della dimostrazione.

Nel papiro di Rhind, invece, al lettore viene fatta un'unica concessione, di natura meramente grafica: i problemi sono enunciati in inchiostro rosso e risolti in inchiostro nero, con qualche sporadica figura qua e là. Per il resto, il papiro è più simile a un manuale di istruzioni che a un libro di spiegazioni, e sul percorso intellettuale che gli sta dietro si può solo tirare a immaginare.

Ad esempio, il motivo per cui a un certo punto gli Egizi cominciarono a interessarsi di geometria lo si intuisce dall'accenno all'inondazione del Nilo, nella «prima pagina» del papiro (vedi citazione p. 23). Come si vede, le inondazioni erano così importanti da servire addirittura come riferimento per il computo del tempo. Ma, soprattutto, erano cruciali per l'agricoltura dell'Egitto, che una volta si chiamava appunto *Kemet*, o «Terra nera»: da distinguere, ovviamente, dalla terra rossa del deserto, che veniva fertilizzata dal limo del fiume.

Poiché le terre fertili erano quelle attorno al Nilo, che esso inondava ogni anno, era fondamentale per l'economia del paese saper ricostruire i confini dei campi e degli appezzamenti, quando l'acqua si ritirava. E che la *geometria* sia effettivamente nata proprio come agrimensura, lo testimonia ancor oggi il suo stesso nome greco, derivato da *geo*, «terra», e *metrein*, «misura».

Base per altezza...

Possiamo dunque facilmente immaginare che i geometri egizi determinassero *segmenti* di linee rette, e dunque lati di poligoni, mediante corde tese. E che definissero l'*angolo retto*, o «angolo diritto», come la metà dell'angolo piatto , cioè come equa divisione tra due appezzamenti contigui. Quanto a costruirlo, non era difficile usando un «compasso», costituito da una corda tesa fatta ruotare attorno a un punto: bastava tracciare due coppie di archi di *cerchio* attorno a un segmento, e unire le loro rispettive intersezioni.

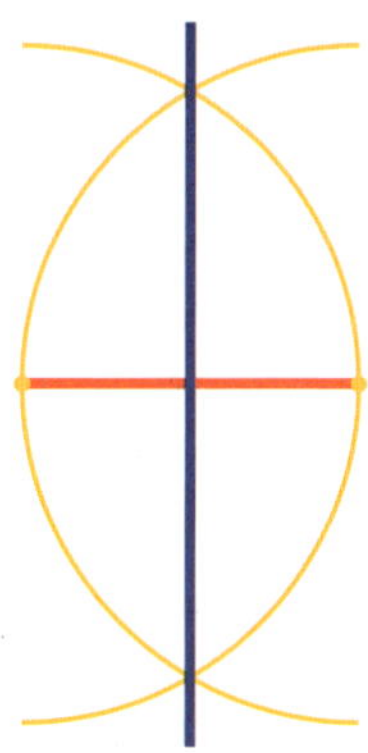

Ripetendo quattro volte il procedimento, si potevano facilmente pensare dei *rettangoli* nella teoria matematica, o tracciare degli appezzamenti rettangolari nella pratica agricola. E poiché quello che interessava ai contadini di allora, e continua a interessare ai contadini di ora, è l'*area* del loro campo, il problema 49 del papiro di Rhind diceva loro come calcolarla per un appezzamento rettangolare: ovviamente, moltiplicando *base per altezza*.

Abbiamo detto «ovviamente» perché gli Egizi supponevano che fosse sempre possibile suddividere l'appezzamento rettangolare in tanti quadratini, piccoli quanto basta, come le piastrelle che coprono un pavimento. In tal caso, la cosa è effettivamente ovvia, una volta che si sa cosa vuol dire moltiplicare: cioè, sommare i quadratini tante volte quante necessario, in entrambe le direzioni.

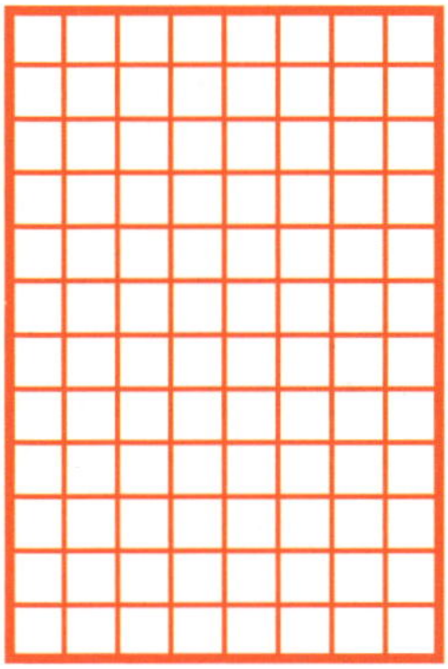

Per noi moderni, forse, la cosa non è invece così ovvia. Richiede, infatti, che le lunghezze siano sostanzialmente «quantizzate», come direbbero i fisici. O che due lunghezze siano sempre «commensurabili», come direbbero invece i matematici. Cioè, che sia sempre possibile trovare una loro unità di misura comune, che stia un numero esatto di volte sia nell'una, che nell'altra.

Per misurare i campi gli Egizi partivano dal *cubito*, «gomito» o «avambraccio», pari a circa mezzo metro, così come noi partiremmo appunto dal metro. Se i due lati di un rettangolo misurano un numero esatto di metri ciascuno, possiamo dire che l'area misura un certo numero di quadrati, tutti di un metro di lato: più concisamente, che misura un certo numero di *metri quadrati*. Se no, possiamo passare ai decimetri, ai centimetri, ai millimetri, eccetera.

Poiché sarebbe sciocco, oltre che inutile, misurare i campi con una precisione eccessiva, ad esempio in *micron* (millesimi di millimetri) quadrati, gli Egizi fecero benissimo a non preoccuparsi troppo: prima o poi, avrebbero trovato un sottomultiplo della loro unità di misura, che stava un numero quasi esatto di volte nei lati dell'appezzamento rettangolare. Per ora, dunque, non preoccupiamoci troppo neppure noi, e vediamo dove va a parare il papiro di Rhind.

... diviso due

Il problema 51 parla dei triangoli, che prendono il loro nome dal greco *tria*, «tre», e *gonia*, «angolo». Il papiro ci dice come calcolarne l'area: ovviamente, questa volta, facendo *base per altezza diviso due*. O meglio, ovviamente almeno in un caso, che è appunto quello che corrisponde al nome egizio del triangolo (*spdt*, «cuneo» o «punta»), e che è rappresentato nella figura del problema riportata dal papiro. Si tratta, cioè, di un triangolo *isoscele*, «con le stesse gambe» (dal greco *isos*, «uguale», e *skelos*, «gamba»), che è appunto la metà del rettangolo con la stessa base e la stessa altezza:

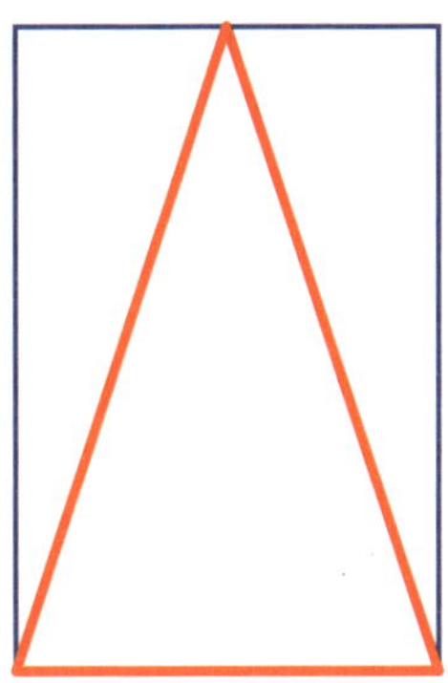

Per convincersi che il risultato vale per tutti i triangoli, non solo per quelli isosceli (o, più in generale, per quelli la cui altezza cade sulla base), basta fare due osservazioni. La prima, che un triangolo qualunque è metà del *parallelogramma* corrispondente. La seconda, che un parallelogramma qualunque ha la stessa area del rettangolo corrispondente, avente la stessa base e la stessa altezza.

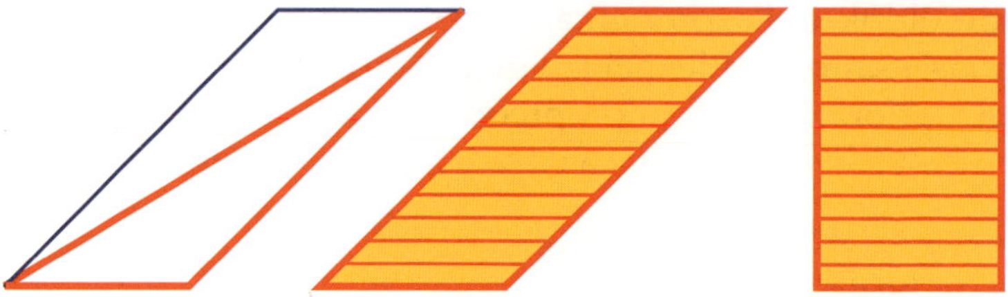

La prima osservazione si vede a occhio, dalla figura a sinistra. Per la seconda, basta pensare a un parallelogramma come alla distorsione di un rettangolo di canne o cannucce disposte parallelamente alla base, fatte scivolare in una stessa direzione. O, ancora più semplicemente, al lato di un mazzo di carte, fatte scivolare nello stesso modo.

Naturalmente, per noi questa non sarebbe una gran dimostrazione, ma per gli Egizi sicuramente bastava. Incominciò a dare problemi solo ai Greci, molti secoli dopo. O, almeno, li diede a Democrito, l'eclettico presocratico vissuto nella seconda metà del secolo –V, che diceva di sé che nessuno poteva superarlo in matematica, «nemmeno i tenditori di funi egiziani»: un'espressione, questa, che conferma l'origine e l'uso della geometria nel paese del Nilo.

Nello specifico, così racconta Plutarco nei *Princìpi comuni contro gli stoici*:

> Democrito diceva: «Se un cono fosse tagliato da un piano parallelo alla base, cosa dovremmo pensare delle sue sezioni circolari? Sono uguali o diverse? Se sono

diverse, il cono è fatto in maniera irregolare, con rientranze a scalino. Se sono uguali, il cono è in realtà un cilindro. Sembra dunque che il cono sia fatto di sezioni circolari che sono, allo stesso tempo, uguali e diverse, il che è molto assurdo».

Nel caso del parallelogramma e del rettangolo, l'obiezione di Democrito si traduce dicendo che la figura del parallelogramma è sbagliata, e dovrebbe in realtà essere fatta così:

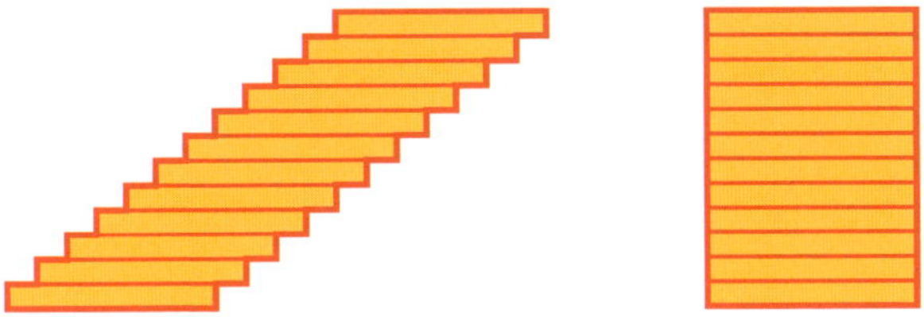

Ma se la si fa così, non si ottiene più un parallelogramma. La soluzione del dilemma ha a che fare con l'infinitamente piccolo, che per i Greci era un argomento tabù. Dunque, il loro approccio alla faccenda sarà completamente diverso, come vedremo quando arriveremo a Euclide.

Solo millenni dopo, nel 1635, Bonaventura Cavalieri avrà l'ardire di scrivere, nella sua *Geometria degli indivisibili*, che la figura corretta è fatta sì di scalini, ma di altezza «infinitesima»: cioè, più piccola di qualunque frazione di metro, ma comunque non nulla. Con questo equilibrismo, sia verbale che intellettuale, si ritorna alla prima figura e tutto si appiana.

Questi però sono sviluppi non solo molto posteriori, ma anche appartenenti a un'altra branca della matematica: precisamente, all'analisi moderna, più che alla geometria classica. E, soprattutto, sono completamente alieni dalle problematiche pratiche che interessavano gli Egizi, dei quali stiamo parlando, e ai quali dunque torniamo.

Piramidi egizie a Saqqara, Dahshur e Giza.

Meraviglie del mondo

L'Egitto ha ispirato innumerevoli opere di fantasia, dalle favole bibliche di Giuseppe e Mosè alle avventure letterarie o cinematografiche di Hercule Poirot e Indiana Jones. Ma nessuna riesce a uguagliare il fascino della realtà che ancora emana dai suoi innumerevoli siti e reperti archeologici: i tesori del Museo del Cairo, i templi di Karnak e Luxor, le tombe della Valle dei Re e i monumenti di Abu Simbel continuano a far sognare i turisti di tutto il mondo, da quando sono riaffiorati dall'oblio nel quale li aveva sprofondati la sabbia del deserto.

Ma niente può rivaleggiare, nell'immagine dell'antico Egitto, con le sue innumerevoli *piramidi*, che sembra prendano il nome dal greco *pyr*, «fuoco», perché hanno una forma appuntita simile a quella con cui finisce la fiamma. Alcune sono a gradoni, come quella del faraone Djoser a Saqqara. Altre hanno due diverse inclinazioni, maggiore in basso e minore in alto, come quella del faraone Snefru a Dahshur. La maggior parte è a base quadrata e facce triangolari, come quella celeberrima del faraone Cheope, figlio di Snefru, a Giza.

I Greci e i Romani consideravano quest'ultima una delle sette meraviglie del mondo: la più antica, e anche l'unica arrivata fino a noi. Ed è difficile che le altre sei potessero rivaleggiare con essa, non essendo altro che giardini, templi e statue di due millenni dopo. Niente di così grandioso e venerabile come quel maestoso e geometrico ammasso di pietre, risalente a più di quattro millenni e mezzo fa, affiancato dalle due piramidi minori di Chefren e Micerino. E, per buona misura, dalla statua della Grande Sfinge, che forse ritrae lo stesso Cheope.

La silenziosa singolarità delle piramidi sembra fatta apposta per attirare il suo opposto, cioè la rumorosa molteplicità degli storici professionisti e degli esoterici dilettanti. Basta curiosare fra gli scaffali delle librerie, specializzate e non, per accorgersi dell'esagerata quantità di testi volti a rispondere alle domande fondamentali dell'egittologia profana: a cosa servivano le piramidi? come sono state costruite? che preziosi tesori racchiudevano? che misteriose proporzioni nascondevano?

A noi basta notare che, ovviamente, un popolo costruttore di piramidi doveva avere un senso geometrico ormai ben sviluppato. In particolare, conosceva il concetto di *poligono regolare*, costituito da lati e angoli tutti uguali. E, soprattutto, conosceva il concetto di *solido regolare*, costituito da facce e angoli tutti uguali: una vera e propria meraviglia del mondo matematico, così come la Grande Piramide lo era di quello architettonico.

Due di questi solidi regolari sono, infatti, variazioni sul tema della piramide. Più precisamente, il *tetraedro* è la piramide regolare a base triangolare, costituita da quattro triangoli equilateri. L'*ottaedro* si ottiene invece incollando per la base due piramidi regolari a base quadrata, ed è dunque costituito da otto triangoli equilateri. I loro nomi derivano, ovviamente, dal greco *tetra*, «quattro», *okta*, «otto», e *hedra*, «faccia».

A scanso di equivoci, la Grande Piramide *non* è esattamente metà di un ottaedro, benché poco ci manchi. I triangoli delle facce sono isosceli, ma non equilateri: le basi sono di circa 230 metri, ma i lati di circa 220. Sia l'inclinazione che l'altezza risultano dunque un po' inferiori al necessario, rispettivamente di circa 3 gradi e di circa 16 metri. Semplicemente, come vedremo, la Grande Piramide è stata costruita per soddisfare altre proporzioni.

Approssimativamente, però, le piramidi di varie civiltà hanno appunto la forma di mezzo ottaedro: dalle antiche costruzioni maya, al moderno edificio di vetro del Louvre a Parigi.

Base per altezza diviso tre

Visto l'interesse degli architetti egizi per la costruzione delle piramidi, possiamo aspettarci un parallelo interesse dei matematici egizi per le loro proprietà geometriche. Puntualmente, ben cinque problemi del papiro di Rhind riguardano la pendenza delle piramidi: ad esempio, come calcolarla date la base e l'altezza, o come calcolare l'altezza date la base e la pendenza.

Il più avanzato e sorprendente risultato della matematica egizia si trova però nel cosiddetto *papiro di Mosca*, così chiamato perché viene conservato al Museo Puškin della capitale russa. Ci finì nel 1912, quando fu venduto al governo zarista dall'egittologo Vladimir Goleniščev, che l'aveva comprato in Egitto nel 1893.

Purtroppo manca dell'inizio, e dunque non sappiamo esattamente a quando risalga: le datazioni paleografiche lo riportano comunque a un periodo più o meno coevo del papiro di Rhind, nelle ultime dinastie del Medio Regno. Oltre a essere in peggior stato di questo, è più breve, e contiene solo 25 problemi.

Ma tra essi c'è una gemma che manca nel papiro di Rhind: il problema 14, che dice come calcolare il volume di un tronco di piramide, cioè di una piramide incompiuta. Dalla soluzione si deduce che gli Egizi dovevano conoscere, in particolare, la formula per il calcolo del volume della piramide: *base per altezza diviso tre*.

Al solito, non sappiamo come l'abbiano trovata. Ma possiamo provare a immaginarcelo, per analogia con l'area del triangolo.

1. In primo luogo, si paragona la piramide, che costituisce l'analogo tridimensionale del triangolo, a un parallelepipedo, che costituisce l'analogo tridimensionale del parallelogramma. E si trova che il volume della piramide è pari a un terzo di quello del corrispondente parallelepipedo.
2. In secondo luogo, si nota che tutti i parallelepipedi con la stessa base e la stessa altezza hanno lo stesso volume. In particolare, il volume del parallelepipedo retto, che costituisce l'analogo tridimensionale del rettangolo, è dato dal prodotto della base per l'altezza.

Cominciamo allora a esaminare i *parallelepipedi*, che prendono il loro nome dal greco *epipedon*, «superficie piana» (a loro volta, i parallelogrammi prendono il nome dal greco *grammé*, «linea»). Si tratta, infatti, di solidi che sono tagliati da tre coppie di piani, paralleli a due a due. Dunque, hanno per facce sei parallelogrammi, uguali a due a due.

Per convincersi che i volumi dei parallelepipedi con la stessa base e la stessa altezza sono tutti uguali fra loro, e sono in particolare uguali al volume del corrispondente parallelepipedo retto, basta rifare il «trucco delle tre carte» che abbiamo già fatto con i parallelogrammi e i rettangoli.

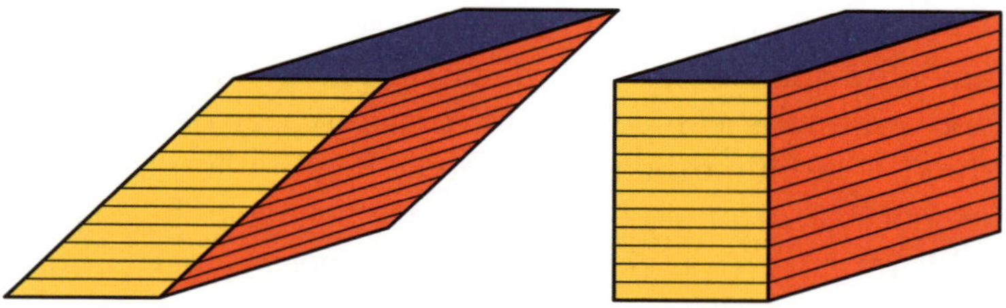

Possiamo cioè pensare a un parallelepipedo come a un mazzo di carte, che non cambia volume se viene fatto scivolare in lunghezza e/o in profondità, purché rimanga ovviamente invariata l'altezza. In altre parole, se facciamo scivolare le carte, senza aggiungerne e senza toglierne, il mazzo occupa sempre lo stesso spazio complessivo che occupava nella sua scatola.

E come l'area del rettangolo si può considerare costituita da tanti quadratini, e si ottiene moltiplicando base per altezza, così il volume di un parallelepipedo retto si può considerare costituito da tanti cubetti, e si ottiene moltiplicando l'area della base per l'altezza. O, se si preferisce, *lunghezza per profondità per altezza*.

Più sottile è vedere il legame tra le piramidi e i corrispondenti parallelepipedi. Nel caso speciale del *cubo*, che è un parallelepipedo retto con tutti i lati uguali, si vede facilmente che lo si può scomporre in tre piramidi uguali, a base quadrata:

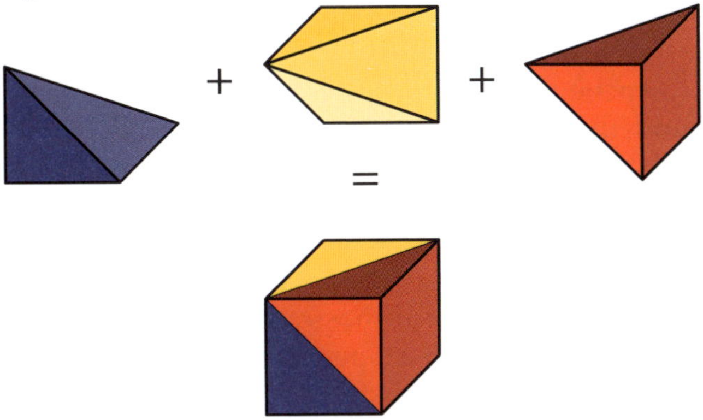

Se si prova a fare lo stesso con un parallelepipedo retto coi lati diversi, però, si ottengono sì ancora tre piramidi, ma non più uguali fra loro! Per convincersi che tutte e tre queste piramidi hanno comunque lo stesso volume, ci sono tanti modi: il più semplice è notare che un parallelepipedo retto si può sempre disegnare come un cubo, se si usano scale appropriate nelle tre direzioni dei lati.

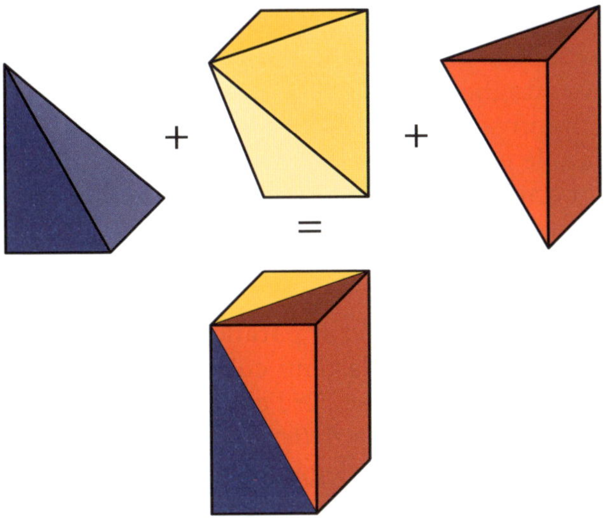

Questo è forse un trucco un po' sporco (chiamato in gergo *trasformazione affine*), ma così è la vita: se si vuol giocare pulito, bisogna pagare un prezzo, e in questo caso non ne vale la pena. Non sappiamo infatti come gli Egizi abbiano dimostrato il loro risultato, e c'è da sospettare che abbiano barato anche più di così. Ad esempio, limitandosi a fare dei modellini e a pesare fisicamente i pezzi, riempiendoli di sabbia o di acqua. Qualcosa di simile non disdegnerà di fare, benché in maniera molto inventiva, lo stesso Archimede nel suo *Metodo*.

Ed è proprio da questo suo lavoro che veniamo a sapere che il primo ad aver dimostrato che il volume di una piramide è uguale a «base per altezza diviso tre» è stato Democrito, quello insoddisfatto del trucco delle carte. Di nuovo, non sappiamo come lo dimostrò, ma lo fece nella seconda metà del secolo –V. Quindi, più di un millennio dopo le intuizioni degli Egizi, ai quali va il gran merito di aver capito così presto così tante cose.

II

Gli dèi giocano al raddoppio

Gli Indiani

«L'Oriente è l'Oriente, l'Occidente è l'Occidente, e non si incontreranno mai.» Così pontificava Rudyard Kipling nella *Ballata dell'Oriente e dell'Occidente*. Ed è un vero peccato che la percezione occidentale dell'India sia stata plasmata, e in buona parte fuorviata, dalle opere di uno scrittore mediocre e razzista, che nel titolo di una sua poesia definì l'imperialismo *Il fardello dell'uomo bianco*. Un fardello, per inciso, che nessuno aveva chiesto di portare.

Per decenni, dunque, l'India è rimasta per noi quella hollywoodiana dei racconti e romanzi di Kipling, a partire da *Kim*. Ma con la disgregazione e la caduta dell'impero inglese, la sua voce è diventata imbarazzante, ed è stata rimpiazzata da altre più raffinate e sensibili. Ad esempio, quelle di Edward Forster in *Passaggio in India*, e di Paul Scott *in The Raj Quartet*. Per non parlare degli innumerevoli viaggiatori che ci hanno lasciato le loro impressioni sul paese: statunitensi come Mark Twain, francesi come Pierre Loti, tedeschi come Hermann Keyserling, italiani come Alberto Moravia...

Tutte queste voci occidentali non possono però sostituire quelle degli indiani stessi: dai classici *Mahabharata* di Vyasa e *Ramayana* di Valmiki, alle moderne opere dello scrittore Rabindranath Tagore, del regista Satyajit Ray o dell'economista-filosofo Amartya Sen, tutti premiati col Nobel o l'Oscar.

Sono loro a interpretare autenticamente l'umanesimo dell'India, che ha prodotto nei secoli monumenti sorprendenti: il Taj Mahal di Agra, il forte rosso di Delhi, il Tempio d'Oro di Amritsar, le città-fortezza del Rajastan, le grotte decorate di Ajanta ed Ellora, le architetture indù del Tamil Nadu, i monasteri buddhisti del Ladakh, i templi jain del Gujarat...

Meditate, gente, meditate

Non si capisce comunque l'India, e se ne ha solo una visione molto parziale, se ci si ferma alla sua letteratura e alla sua arte, e si ignorano la sua scienza e la sua matematica. Quest'ultima, in particolare, è stata all'avanguardia nel mondo in almeno due occasioni storiche. Verso la seconda metà del primo millennio gli Indiani inventarono in *aritmetica* lo zero, che era ignoto sia ai Greci che ai Romani. E nella seconda metà del secolo XIV il keralese Madhava scoprì in *analisi* le serie trigonometriche, che tre secoli più tardi avrebbero fatto la gloria di Newton e Leibniz.

Quanto alla *geometria*, nei primordi della loro storia gli Indiani la svilupparono anche, se non soprattutto, a fini rituali: cosa non sorprendente, vista la gran varietà di religioni che da sempre allieta o turba, a seconda dei momenti, la vita del paese. E ancor oggi, a chi visita qualche tempio, capita di trovare sulle bancarelle di oggetti votivi delle placchette metalliche, sulle quali è incisa questa strana e intricata figura geometrica:

Si tratta dello Sri Yantra, «Grande Oggetto», al quale è dedicato un inno dell'*Atharvaveda*. Ora, i *Veda* costituiscono la parte più antica della letteratura sacra induista, risalente al periodo compreso fra il –1200 e il –1000. Ce ne sono quattro, e il quarto, attribuito appunto al sapiente Atharva, costituisce a sua volta la parte più esoterica dei *Veda*, dedicata alle formule magiche e agli incantesimi.

Dunque, quello strano oggetto geometrico ha una lunga e misteriosa storia, che testimonia un uso molto precoce della matematica nelle pratiche religiose e astrologiche. Il nome *yantra* deriva dal sanscrito *yam*, «controllare», e il suffisso *tra* lo trasforma in un sostantivo: si tratta dunque di un «controllore» visivo della meditazione, analogo al più noto *mandala*, «cerchio». La differenza sta nel fatto che, mentre gli *yantra* sono più geometrici e sono prevalentemente espressione della cultura indù, i *mandala* sono più figurati e appartengono alla tradizione buddhista.

Gli *yantra* fanno parte di un triplice sistema di pratiche rituali, al quale appartengono anche i *mantra* e i *tantra*. I *mantra* prendono il nome da *man*, «pensare» o «parlare», e sono formule rituali vocali. La più famosa di queste formule è Om o Aum, che oltre a essere il Grande Suono che corrisponde allo Sri Yantra, ha anche dato origine all'Amen cristiano e all'Amin islamico.

Scultura di un tempio nepalese raffigurante Shiva e Shakti in amplesso.

I *tantra* prendono invece il nome da *tan*, «intrecciare», e sono pratiche sessuali più o meno sublimate. Lo Sri Yantra, in particolare, rimanda al tantrico intreccio fra il dio Shiva e la potenza maschile, simboleggiati dai quattro triangoli rivolti all'insù, e la dea Shakti e la fertilità femminile, simboleggiate invece dai cinque triangoli rivolti all'ingiù. I fedeli non abbastanza sofisticati da capire l'antifona, possono comunque godere di varie rappresentazioni più esplicite del divino amplesso.

Perché ci sia bisogno di meditare su certe cose, e soprattutto di farlo in questa maniera, è una cosa che interessa alla psicanalisi. Alla matematica, invece, interessa il fatto che l'intersezione dei nove triangoli principali dello Sri Yantra produce altri 43 triangolini, suddivisi in cinque gruppi concentrici: uno di 14 all'esterno, e poi, procedendo verso l'interno, due gruppi di 10, uno di 8 e uno di 1. Il percorso meditativo passa attraverso questi 43 triangolini, e arriva finalmente al punto, in senso sia letterale che metaforico. Questo punto si chiama *bindu*, ed è lì che finisce la compenetrazione dei triangoli.

Naturalmente, la costruzione dello Sri Yantra deve seguire delle regole geometriche precise e complesse, il cui scopo sarebbe di assicurare che l'oggetto abbia il potere di produrre gli effetti desiderati. In particolare, i due triangoli maggiori esterni devono avere gli angoli alla base di circa 51 gradi e mezzo: praticamente, gli stessi angoli formati dalle facce della Grande Piramide di Cheope. La cosa può sembrare sorprendente, ma in realtà deriva semplicemente dal fatto che in entrambi i casi si sono imposte certe proporzioni «auree» che, come vedremo, sono molto naturali.

Puri e disposti a veder le stelle

Lo Sri Yantra non è ovviamente nato bell'e formato, come Venere dalla spuma del mare. La sua ridondanza barocca è piuttosto il risultato, o la degenerazione, di un processo di crescita successiva a partire da una forma pura, che riveste un grande interesse per la geometria.

Si può infatti immaginare che il granello di sabbia che ha generato la perla sia stata la figura che si ottiene intersecando i due triangoli principali. Nel caso che essi, per motivi di simmetria, siano scelti equilateri, si ottiene questa semplificazione:

Nella cultura ebraica questa figura si chiama *stella di David*, forse perché si ottiene intrecciando le due «d» del nome dell'antico re, che in origine si scrivevano Δ. Benché non menzionato nella Bibbia, è tradizionalmente considerato come simbolo del popolo ebraico. I nazisti lo imposero nel 1941 come segno di riconoscimento degli ebrei nelle zone occupate. E dal 1948 campeggia nella bandiera dello Stato di Israele.

Ma la figura appartiene anche, e prima ancora, alla cultura indù, con il solito significato di sessualità cosmica. Ovvero, il triangolo rivolto all'insù simboleggia il *lingam*, o fallo di Shiva. Quello rivolto all'ingiù la *yoni*, o vagina di Shakti. E la loro compenetrazione, l'unione dei princìpi maschile e femminile. Naturalmente, anche in questo caso ci sono raffigurazioni più concrete di queste astrazioni, a uso dei fedeli meno sofisticati.

L'interesse matematico deriva dal fatto che l'intersezione simmetrica di due triangoli equilateri produce un esagono regolare, su ciascun lato del quale si trova un triangolino equilatero. È il più semplice esempio di *poligono stellato*, e lo stesso gioco si può ovviamente fare più in generale. Ad esempio, intersecando in modo simmetrico due quadrati:

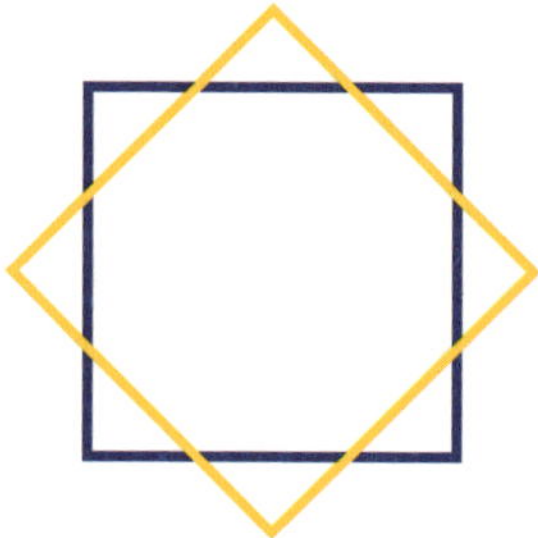

In tal caso si ottiene un ottagono regolare stellato, che ancora una volta viene usato in Oriente come simbolo religioso. Gli induisti lo chiamano *stella di Lakshmi*, perché rappresenta le otto abbondanze profuse dalla dea della fortuna. I buddhisti lo raffigurano invece sul petto di Buddha, perché lo ritengono in grado di imprigionare gli spiriti cattivi.

E poiché tutto fa brodo, viene usato religiosamente anche il doppio passaggio dal quadrato all'ottagono, e da questo al cerchio. Lo si trova, ad esempio, in certe raffigurazioni del già citato *lingam* di Shiva: una specie di paracarro, ubiquo nei templi indù, che rappresenta il fallo divino in maniera molto più esplicita del triangolo.

In genere i *lingam* sono semplicemente dei cilindri sormontati da una semisfera, per ovvi motivi. Nei templi cambogiani di Angkor, però, alcuni *lingam* sono suddivisi in tre sezioni: quadrata in basso, ottagonale al centro, e circolare in alto. In questo caso le tre parti simboleggiano la trimurti di Brahma, Vishnu e Shiva. Matematicamente costituiscono invece successive approssimazioni al valore di *pi* greco.

Lo stesso simbolismo si ritrova, opportunamente tradotto, nell'iconografia cristiana. Lasciato perdere il sesso, che in certe parrocchie è tabù, questa volta le tre figure simboleggiano il passaggio dall'uomo a Dio, attraverso la mediazione di Cristo. Il che rende conto della forma ottagonale dei battisteri. O del passaggio dalla pianta quadrata di una chiesa a quella circolare della cupola, attraverso un tamburo ottagonale, come in Santa Sofia a Istanbul.

Una variazione sul tema è l'*Adorazione dell'Agnello mistico* dei fratelli Jan e Hubert Van Eyck, ultimato nel 1432, che costituisce la scena centrale del polittico di Gand (vedi pagina seguente). Qui l'ottagono è la sezione del fonte battesimale, il quadrato quella dell'altare su cui è posato l'agnello, e il cerchio il luogo da cui emana lo Spirito Santo nella forma di colomba.

Mentre stiamo parlando dell'*ottagono* regolare, possiamo ricordare che molti edifici l'hanno adottato come pianta. Primi fra tutti i ninfei greci e romani, dedicati alle divinità acquatiche, e gli analoghi battisteri cristiani, già citati. E poi la Cappella Palatina di Aquisgrana, nella quale gli imperatori venivano incoronati con una corona, anch'essa ottagonale. E molti degli edifici sacri eretti dai templari e da altri ordini religioso-militari: tutti sul modello dell'Imbomon, la scomparsa Basilica dell'Ascensione a Gerusalemme. E la Cupola della Roccia e la Moschea Al Aqsa, anch'esse a Gerusalemme. E, naturalmente, Castel del Monte, vicino a Bari: una doppia struttura ottagonale, esterna e interna, che si ripete per otto volte nelle torri situate ai suoi vertici (vedi pagina seguente).

In Cina l'ottagono è stato annesso dall'arte taoista, per i suoi legami con gli otto trigrammi mistici che si ottengo-

Jan e Hubert Van Eyck, *Adorazione dell'Agnello mistico*, particolare, 1432.

Castel del Monte.

no combinando in tutti i modi possibili tre linee intere (*yang*) o spezzate (*yin*). I trigrammi appaiono sulla bandiera della Corea del Sud. E sono tuttora usati nella pratica del *feng shui*, «vento e acqua», per trovare la migliore disposizione degli arredamenti o dei giardini. L'ottagono è invece usato nel *design* di varie suppellettili, dai bicchieri agli specchi.

Quest'altare non mi basta

Tra le antiche pratiche religiose indiane che rivestono un interesse matematico, le più sofisticate sono quelle legate alla costruzione degli altari. Le descrivono i *Sulvasutra*, che costituiscono un supplemento tecnico a testi più letterari e coevi, quali le famose e poetiche *Upanishad*.

I primi *Sulvasutra* risalgono a circa il –700, e il loro nome indica che sono collezioni di «versi (*sutra*) sulle corde (*sulva*)». Evidentemente, anche i geometri indiani usavano funi tese per misurare terreni e costruire edifici, alla stessa maniera dei loro colleghi egizi. E i versi servivano loro a memorizzare le complesse regole che regolavano le forme e le proporzioni rituali.

In particolare, mentre gli altari per i culti privati e casalinghi avevano forme banali, quali cilindri o parallelepipedi, quelli pubblici erano più elaborati. I più singolari avevano addirittura la forma di un falco in atto di prendere il volo: forse perché bramini e fedeli pensavano, come Dante, che altrimenti «la disianza vuol volar senz'ali».

La forma del falco era ovviamente stilizzata, ma con proporzioni rigidamente fissate. Il corpo centrale doveva essere di quattro quadrati. Le ali di un quadrato, più un'aggiunta di un quinto. E la coda di un quadrato, più un decimo. Il tutto doveva impiegare duecento mattoni, ed essere di cinque strati: dunque, mille mattoni in tutto.

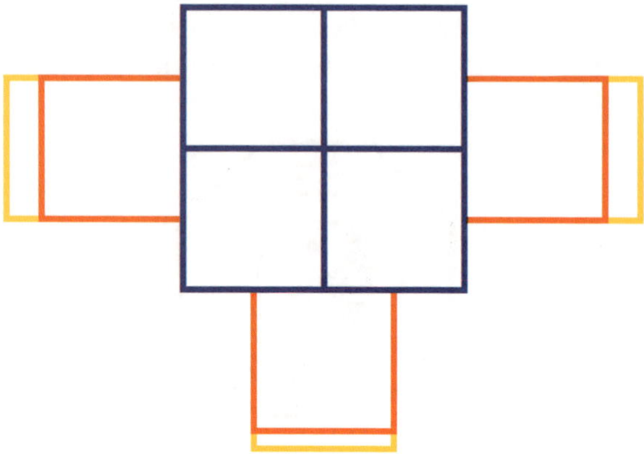

L'aspetto più singolare della faccenda era che in occasioni rituali successive gli altari andavano aumentati di volume, mantenendo però sempre le stesse proporzioni. Si iniziava da uno in cui il lato dei quadrati era di un *purusa*, e dunque l'area totale di 7,5 *purusa* quadrati, dove il *purusa* era un'unità di lunghezza pari a circa un uomo con le braccia alzate. L'area veniva poi progressivamente aumentata di un *purusa* quadrato ogni volta, per 94 volte, fino a raggiungere un'area di 101,5 *purusa* quadrati, che è circa 14 volte più grande dell'altare iniziale.

Benché l'aumento del volume degli altari sia una pratica tipicamente indiana, se ne trovano tracce anche nella mitologia greca. Una leggenda, in particolare, è narrata nella lettera di uno pseudo-Eratostene a Tolomeo III: un re vissuto verso il –250, che passò alla storia per altri motivi. Quando partì per la guerra, sua moglie Berenice si tagliò infatti i capelli, come voto per il suo ritorno. E il suo gesto ispirò il nome della costellazione Chioma di Berenice.

La leggenda narrata nella lettera è legata a Minosse, costruttore del Labirinto di Cnosso, nel quale ci siamo già imbattuti. Egli fece erigere una tomba cubica per suo figlio Glauco, ma quando la vide realizzata gli sembrò troppo piccola. Ordinò quindi che se ne raddoppiasse il volume, raddoppiandone il lato. Senza accorgersi, ovviamente, che raddoppiare il lato di un cubo ne aumenta il volume di otto volte, non di due! I suoi geometri se ne accorsero, invece, e cercarono invano di risolvere il problema, che divenne noto come *duplicazione del cubo*.

Un'altra leggenda, simile e coeva, fu riportata dal vero Eratostene nel *Platonico*. Questa volta sarebbe stato Apollo a richiedere la duplicazione del proprio altare cubico a Delo, in cambio della cessazione della peste. Dopo che i fedeli commisero lo stesso errore di raddoppiare il lato, Platone commentò che lo scopo di Apollo non era raddoppiare l'altare, ma far vergognare i Greci di non sapere la matematica.

Di edifici cubici religiosi ce ne sono stati molti altri, prima e dopo. Uno era il santuario del Tempio di Salomone, dove veniva custodita l'Arca dell'Alleanza, recentemente ritrovata da Indiana Jones. Un altro è la pietra nera della Mecca, che in arabo si chiama appunto *Ka'-ba*, «Cubo» (vedi pagina seguente). Ma non risulta che né Jahvè, né Allah, a differenza di Apollo, siano mai stati interessati a chiederne il raddoppio.

Un doppio cubo è stato invece sistematicamente usato per i templi egizi e greci, così come per le chiese romaniche e gotiche. Il più famoso esempio contemporaneo, invece, non è sacro, ma profano: il *Cubo rosso* di Isamu Noguchi a New York, del 1968 (vedi pagina seguente).

Schiavo della matematica

Prima di affrontare il problema tridimensionale della duplicazione del cubo, è più sensato cercare di risolvere l'analogo bidimensionale della *duplicazione del quadrato*: come costruire un quadrato che abbia area doppia di un altro quadrato?

Poiché questo è ovviamente il primo ingrediente per risolvere il più generale problema del raddoppio degli altari, non stupisce che la soluzione si trovi già nei *Sulva-*

La Ka'-ba alla Mecca.

Isamu Noguchi, *Cubo rosso*, 1968.

sutra. Come vedremo tra breve, si tratta semplicemente della diagonale del quadrato di partenza. E infatti, in generale, la diagonale di un quadrato viene chiamata *dvikarani*, «raddoppiatrice».

In Occidente la soluzione si trova invece nel *Menone* di Platone, che costituisce la prima testimonianza storica di una dimostrazione matematica, poco dopo il –400. Platone la fa molto lunga, secondo il suo solito e snervante modo di procedere. Anche perché, essendo più un pollo che un Apollo, il suo vero interesse non era insegnare la matematica, ma difendere la teoria dell'*anamnesi*: che non si impara niente, ma si ricorda soltanto ciò che l'anima immortale già sapeva, e aveva dimenticato al momento della nascita.

Allo scopo, Platone prende uno schiavo che dice di non sapere la geometria. Gli fa domandare da Socrate come fare a duplicare un quadrato di lato 2 piedi, e dunque di area 4. Lo schiavo risponde di prendere un lato doppio, di 4 piedi. Socrate gli fa notare che così l'area diventa 16, e non 8. Allora lo schiavo propone un lato di 3 piedi, a metà tra quello dato e quello doppio. Socrate gli fa di nuovo notare che così l'area diventa 9, e non 8. E poi gli dà lui la soluzione, alla faccia dell'anamnesi.

Per convincersi che la diagonale del quadrato di partenza costituisce il lato di un quadrato di area doppia, basta comunque guardare una delle due figure seguenti, e contare i triangolini. Anche uno schiavo o un filosofo potevano verificarlo. Ma c'è voluto un matematico, chissà quale, per trovarlo!

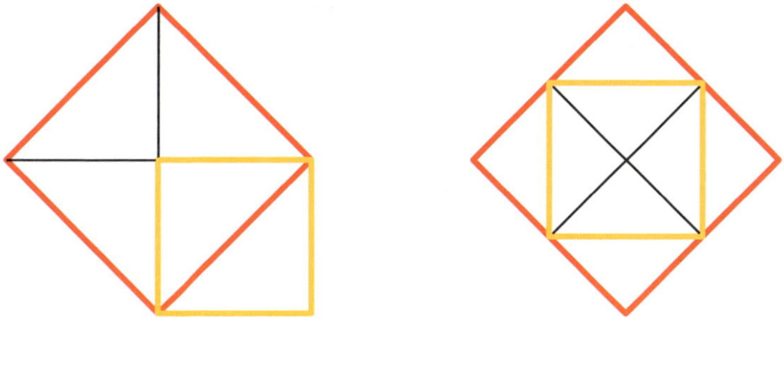

Cosa si può volere di più

Una volta capita la soluzione, si può partire per la tangente in vari modi. Il primo è iterare il procedimento in una direzione o nell'altra, continuando a duplicare o dimezzare i quadrati successivi.

Si ottengono così successioni telescopiche che costituiscono dei veri e propri *yantra*, a volte realizzati in architettura: dal tempio di Angkor Wat in Cambogia, allo stupa di Borobodur a Giava. O dei veri e propri *frattali*, «figure autosimili», che sono oggi un tema favorito dell'arte computerizzata.

Oppure, si può provare ad affrontare il problema della *triplicazione del quadrato*. Un modo per procedere è sugge-

Tempio di Borobodur a Giava.

rito da due figure analoghe a quelle appena viste, che dimostrano entrambe come il quadrato costruito sulla diagonale di un quadrato sia uguale alla somma dei quadrati costruiti sui lati. O, se si preferisce, come il quadrato costruito sull'ipotenusa di un triangolo rettangolo *isoscele* sia uguale alla somma dei quadrati costruiti sui cateti.

Una volta osservato questo fatto, abbastanza banale, ci si può domandare se per caso esso continui a valere anche quando il triangolo rettangolo non è isoscele. Cioè, se sia vero che *il quadrato costruito sull'ipotenusa di un triangolo rettangolo è uguale alla somma dei quadrati costruiti sui cateti*: un'affermazione che molti riconosceranno, e sulla quale torneremo fra un paio di capitoli.

Per ora ci limitiamo a notare che, *se* così fosse, per triplicare un quadrato basterebbe prendere l'ipotenusa di un triangolo rettangolo, uno dei cui cateti duplica il quadrato costruito sull'altro:

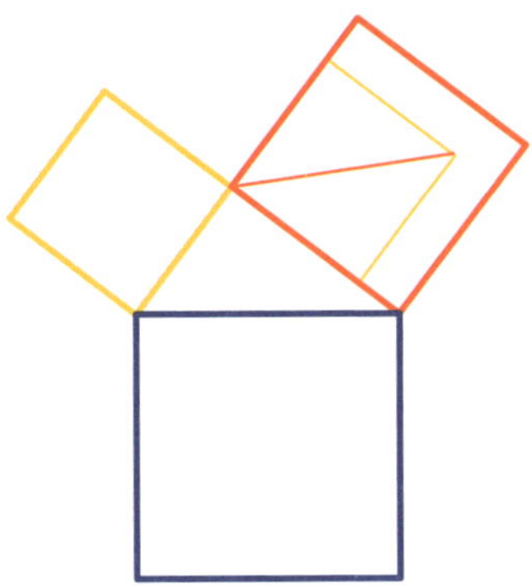

Analogamente, per quadruplicare un quadrato basterebbe prendere l'ipotenusa di un triangolo rettangolo, uno dei cui cateti triplica il quadrato costruito sull'altro. E continuando così, si potrebbe trovare il lato di qualunque multiplo intero del quadrato di partenza. In altre parole, dimostrando il *se* mancante, come fecero effettivamente sia gli Indiani che i Greci, avremmo risolto in generale il problema della *moltiplicazione del quadrato*.

Le soluzioni si ottengono per passi successivi. Si parte dal quadrato dato, e si prende la sua diagonale, che risolve il problema della duplicazione. Poi si tira una perpendicolare alla diagonale lunga quando il lato del quadrato, e si prende l'ipotenusa del triangolo rettangolo così ottenuto, che risolve il problema della triplicazione. Poi si tira una perpendicolare all'ipotenusa lunga quanto il lato del quadrato, eccetera. A ogni passo si ottiene il lato di un quadrato che risolve il problema della moltiplicazione successiva, perché aggiunge alla soluzione precedente un quadrato uguale a quello di partenza.

Tutto questo è molto interessante, ma per quanto riguarda il problema della *duplicazione del cubo* mena solo il can per l'aia. La soluzione analoga a quella del quadrato, di prendere cioè un cubo che abbia come lato la diagonale del cubo di partenza, certo non funziona. Infatti, sempre per il *se* mancante, quella diagonale è un'altra soluzione (o meglio, la stessa soluzione, esposta in un altro modo) del problema della triplicazione del quadrato. E se già la base è tre volte quella del cubo di partenza, siamo ovviamente fuori strada.

I Greci provarono in tutti i modi, e trovarono alcune soluzioni complicate. Nessuna, però, che permettesse di costruire il lato del cubo doppio soltanto tirando funi, o facendole girare, come tutto ciò che abbiamo fatto finora. Il problema rimase uno dei grandi misteri della matematica per millenni, fino al 1837, quando fu finalmente risolto da Pierre Wantzel usando l'algebra. E la soluzione è... che la soluzione non c'è!

In altre parole, non è che i Greci non furono bravi abbastanza da scovare un modo di tirare e girare funi, fino a trovare il lato di un cubo doppio di un altro. È che il dio Apollo aveva giocato loro uno scherzo da prete, perché non c'è proprio nessun modo di farlo. Mettiamoci allora il cuore in pace, e passiamo senza rimpianti a un argomento più abbordabile.

III
Un uomo misura le piramidi
Talete

Il mito della fondazione di Atene vede la città contesa da Poseidone, dio del mare, e Atena, dea della sapienza e della saggezza. A dirimere la disputa fra le due divinità, apparentemente insanabile, furono alla fine chiamati i cittadini stessi. Poseidone e Atena si impegnarono in una campagna elettorale, e prima della decisione definitiva offrirono entrambi un dono alla città: rispettivamente, un cavallo e un ulivo. Un anziano si fece avanti e interpretò le due offerte come contrapposti programmi di governo: di guerra e conquista nel primo caso, e di pace e prosperità nel secondo.

La città scelse dunque Atena come protettrice, ne assunse il nome e le dedicò sull'Acropoli il tempio del Partenone, in onore della sua verginità (dal greco *parthenos*, «vergine»). In cambio, la dea instradò Atene su un percorso di sapienza intellettuale che sfocerà in una triade di grandi scuole: l'Accademia, il Liceo e la Stoà. Ma anche su un cammino di saggezza politica, che la porterà infine alla democrazia.

Una tappa intermedia di questo cammino, dopo la monarchia e verso l'anno –1000, fu l'instaurazione dell'arcontato. In origine, l'arconte era semplicemente un re eletto a vita. In seguito, verso il –750, la sua carica fu ridotta a dieci anni. Dal –683 gli arconti divennero nove, e furono scelti per sorteggio: dapprima solo fra gli aristocratici, e dal –457 anche fra i piccoli proprietari terrieri. Uno di essi dava il nome al periodo, e per questo si chiamava *eponimo*, «soprannominante» (da *epi*, «sopra», e *onoma*, «nome»).

Le *Liste degli arconti* di Demetrio Falereo testimoniano che, sotto l'eponimo Damasia e nell'anno –583, furono proclamati i Sette Sapienti: una specie di premio Nobel, o di Oscar alla carriera, assegnato *una tantum* ai Sette Saggi dell'antichità. Saggi greci, ovviamente, visto che gli altri erano barbari, cioè alla lettera «farfugliatori».

Questa lista è stata tramandata in varie versioni, la più autorevole delle quali da Platone nel *Protagora*. Essa comprende illustri sconosciuti, quali Pittaco di Mitilene, Biante di Priene, Cleobulo di Lindo, Misone di Chene e Chilone di Sparta. Un po' più noto è Solone di Atene: suo malgrado, perché oggi «Solone» è diventato sinonimo di «Sputasentenze».

Quella serva di un filosofo

L'unico dei Sette Saggi che sia ancora universalmente ricordato, anche da coloro che non si aggirano per gli obitori umanistici, è Talete da Mileto. A ragione, visto che non fu solo un politico o un letterato, come gli altri sei, ma un filosofo e un matematico. Anzi, il primo matematico storico, o semistorico, al quale furono personalmente attribuiti teoremi e dimostrazioni.

Talete in un particolare della *Scuola di Atene* di Raffaello Sanzio, 1508-11.

La raccolta di un centinaio di *Vite dei filosofi* di Diogene Laerzio inizia proprio da lui. Lo situa all'incirca a cavallo del –600, e racconta alcuni aneddoti, più o meno credibili, sul personaggio. Sembra che sia stato il primo a cui venne consegnato un tripode misteriosamente pescato in mare, che l'oracolo di Delfi aveva stabilito dovesse andare al più saggio degli uomini. Il filosofo lo inviò modestamente a un altro, il quale lo inviò modestamente a un altro, fino a quando il cerchio si chiuse e il tripode tornò modestamente a Talete. Così nacque il «circolo chiuso» dei Sette Saggi.

A testimonianza della sua saggezza, a Talete vennero attribuite varie massime, più o meno profonde. Secondo lui, la cosa più difficile era conoscere se stessi, e la più facile dare consigli agli altri. Ringraziava inoltre il destino per avergli concesso tre fortune: nell'ordine, esser nato uomo invece che bestia, maschio invece che femmina, e greco invece che barbaro.

Oltre che molto saggio, Talete sembra essere stato molto spiritoso. Poiché diceva che tra la vita e la morte non c'è differenza, qualcuno gli chiese perché allora non moriva, e lui ritorse: «Appunto perché non c'è differenza». A un altro, che gli domandava cosa fosse nato prima, se il giorno o la notte, rispose: «La notte, un giorno prima». E a un adultero, che lo sfidava a giurare di non aver mai commesso adulterio, dichiarò: «Lo spergiuro è peggio dell'adulterio».

Come tutti i pensatori intensi, Talete doveva essere un po' distratto. Una sera, mentre passeggiava fuori casa guardando le stelle, finì nel pozzo. La serva lo sentì lamentarsi, e quando lo trovò lo apostrofò: «Pretendi di conoscere il cielo, e non riesci nemmeno a vedere cos'hai sotto i piedi!». L'aneddoto divenne paradigmatico del letterale abisso che separa la conoscenza teorica e lo spirito pratico, e forse fu inventato proprio per illustrarlo.

Le stelle, comunque, Talete doveva averle osservate per davvero. Fu infatti lui a individuare la Stella Polare, che poi i Fenici adottarono come guida nella navigazione. E fu sempre lui a determinare per primo il corso del Sole, da un solstizio all'altro. E a stabilire, durante l'eclisse di Sole del 28 maggio –585, che le grandezze apparenti del Sole e della Luna sono uguali. Un tal Mandrolito, impressionato da questa scoperta, voleva addirittura ricompensare Talete pagandolo, ma egli rifiutò dicendo: «Basta che tu me ne dia la paternità, quando la diffondi».

Quanto alla famosa idea che «tutto è acqua», magari gli venne proprio quando si trovò a bagno nel pozzo. A prima vista sembra veramente un'affermazione balorda, così come quelle degli altri presocratici, che sostenevano invece che tutto è terra, o aria, o fuoco. Ma diventano tutte comprensibili se si considerano i quattro elementi come metafore degli stati solido, liquido e aeriforme della materia, e dell'energia che permette di passare da uno all'altro. Ad esempio, dal ghiaccio all'acqua, e dall'acqua al vapore.

Analogamente, l'altrettanto balorda idea che «tutte le cose sono animate e piene di dèmoni» diventa comprensibile quando si apprende che venne a Talete dall'osservazione dei fenomeni elettromagnetici, esibiti dall'ambra e dai magneti. Questi ultimi prendono il nome dalla Magnesia, una regione della Tessaglia in cui sono comuni. La prima, invece, si chiamava *elektron* in greco, e da essa derivano le parole «elettrone» ed «elettricità».

Per curiosità, la parola «ambra» deriva invece dall'arabo *'anbar*, «capodoglio», perché fu confusa con la sostanza solida e galleggiante chiamata *ambergris*, «ambra grigia», che esso secerne.

Gita a Giza

Talete non sembra aver avuto maestri, a parte i sacerdoti che incontrò durante un viaggio in Egitto. Nel quale, sempre secondo Diogene Laerzio, egli

> calcolò l'altezza delle piramidi dalla lunghezza della loro ombra, misurata nel momento in cui essa è esattamente uguale all'altezza del corpo umano.

Per capire quest'affermazione un po' criptica, conviene provare a misurare prima gli *obelischi*, il cui nome significa letteralmente «spiedini» (dal greco *obelos*, «spiedo»). Se ne conoscono ventisette di originali, ma in Egitto ne sono rimasti solo otto. Gli altri sono stati trafugati e riposizionati in mezzo mondo: piazza San Pietro in Vaticano, piazza del Popolo a Roma, Place de la Concorde a Parigi, piazza dell'Ippodromo a Istanbul...

Obelisco Flaminio in piazza del Popolo a Roma.

Gli obelischi sono dei tronchi di piramide lunghi e sottili, sormontati da un *pyramidion* a forma di piramide, che in origine era spesso ricoperto da lamine d'oro o di rame, per riflettere il Sole. Gli obelischi simboleggiavano infatti i raggi solari, e nei calcoli possono essere considerati come dei segmenti verticali.

Talete capì che, nel momento in cui il Sole produce l'ombra di un uomo pari alla sua altezza, allora l'ombra dell'obelisco è anch'essa pari alla sua altezza. In altre parole, ciascuno dei due triangoli, uomo-ombra e obelisco-ombra, è metà di un quadrato, e per conoscere un lato basta conoscere l'altro.

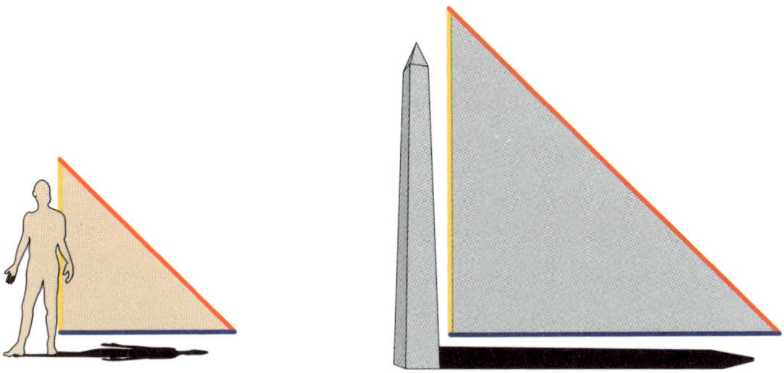

Detta così sembra evidente, ma non lo è affatto. Che il triangolo uomo-ombra sia metà di un quadrato, è il punto di partenza: l'*ipotesi*, o «supposizione» (dal greco *hypo*, «sotto», e *thesis*, «posizione»), che si basa sul fatto che l'ombra dell'uomo è pari alla sua altezza. Ma che il triangolo obelisco-ombra sia anch'esso metà di un quadrato, è il punto d'arrivo: la *tesi*, o «posizione», che dobbiamo stabilire o difendere, e da cui discende che l'ombra dell'obelisco è pari alla sua altezza.

L'innovazione di Talete nella matematica fu appunto l'introduzione della *dimostrazione*, che stabilisce un ponte di collegamento tra l'ipotesi e la tesi. Nel caso in questione, il primo passo è notare che siamo di fronte a due *triangoli simili*, nel senso che i loro lati sono a due a due paralleli. Infatti:

- Le basi sono addirittura su uno stesso piano, perché negli immediati dintorni dell'uomo e dell'obelisco la Terra si può considerare piatta.
- Le altezze sono parallele, perché sono entrambe perpendicolari al piano della Terra e delle basi.
- Le ipotenuse sono parallele, perché il Sole è abbastanza lontano dalla Terra, da far sì che i suoi raggi si possano considerare paralleli.

Il secondo passo è accorgersi che *due triangoli simili hanno gli stessi angoli*. Il modo più semplice per verificarlo è far scorrere il triangolo uomo-ombra lungo il piano della base, fino a far coincidere il suo angolo retto con quello del triangolo obelisco-ombra. E poi far di nuovo scorrere il triangolo uomo-ombra, in orizzontale o in verticale, fino a far coincidere gli altri due angoli con quelli corrispondenti del triangolo obelisco-ombra.

Il terzo e ultimo passo è concludere che il triangolo obelisco-ombra è metà di un quadrato, perché ha gli stessi angoli del triangolo uomo-ombra, che è metà di un quadrato. Allora i due cateti del triangolo obelisco-ombra sono uguali, e quando si conosce la lunghezza dell'ombra, si conosce anche l'altezza dell'obelisco.

Una piramide non è un obelisco

Questo è già un bel risultato, ma non basta ancora per determinare l'altezza delle piramidi. L'ombra degli obelischi, infatti, si può misurare interamente sul terreno: a parte il poco che casca dentro la base, e si può trascurare. Ma dell'ombra delle piramidi si può solo misurare la parte che sporge fuori di esse, e non l'intera lunghezza fino al centro (figura a sinistra).

Si può però aspettare il momento in cui i raggi del Sole sono paralleli a due lati della base della piramide, e perpendicolari agli altri due. In tal caso la lunghezza totale dell'ombra è pari alla parte che sporge fuori della piramide, più metà del lato (figura a destra).

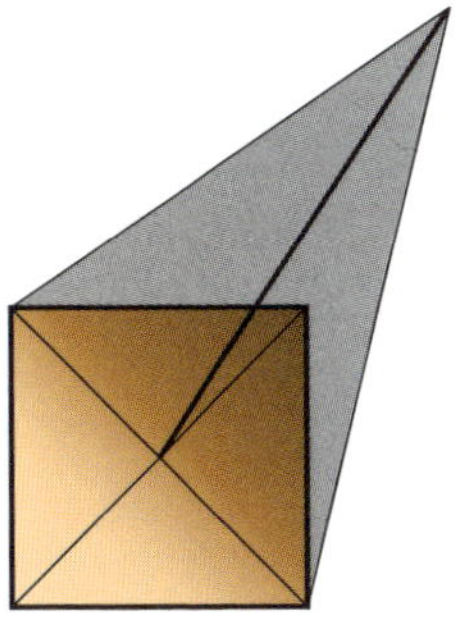

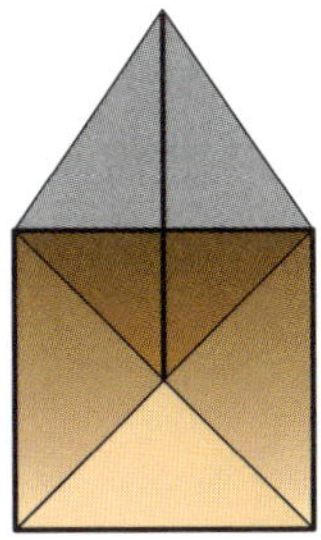

A questo punto, per misurare l'altezza della Grande Piramide basta andarci il 21 novembre o il 20 gennaio, e misurare l'ombra che sporge fuori dalla piramide a mezzogiorno. Infatti, a causa della latitudine di Giza, in quei due giorni il Sole produce a mezzogiorno l'ombra di un uomo pari alla sua altezza. E a causa dell'orientamento secondo i punti cardinali dei lati della Grande Piramide, mezzogiorno è anche il momento in cui i raggi del Sole si allineano con la base, in qualunque giorno.

Il faraone mi è testimone

Perché le cose siano andate come le racconta Diogene Laerzio, Talete dev'essere capitato a Giza proprio negli unici due giorni dell'anno in cui poteva stupire gli Egizi. È più probabile che sia invece andata come la racconta Plutarco nel *Convivio dei Sette Sapienti*. Secondo la testimonianza dal faraone Amasis, che a quanto pare assistette all'evento:

> Hai piantato il bastone sul limite dell'ombra proiettata dalla piramide. Il Sole ha generato due triangoli. E tu hai dimostrato che tra la piramide e il bastone c'è la stessa proporzione che c'è fra ombra e ombra.

In questa versione, la misura si può fare a mezzogiorno di qualunque giorno, senza dover aspettare i due in cui il

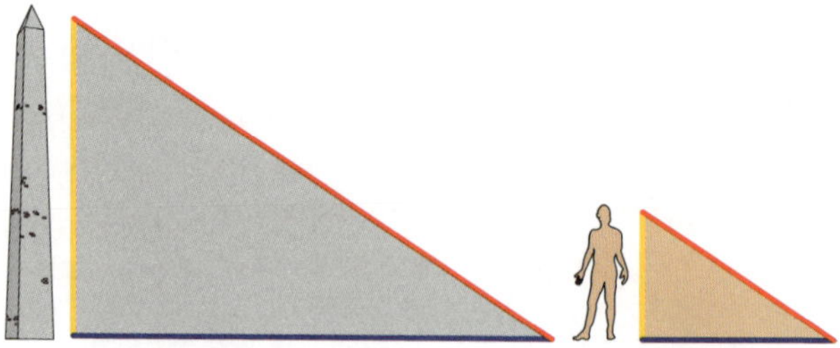

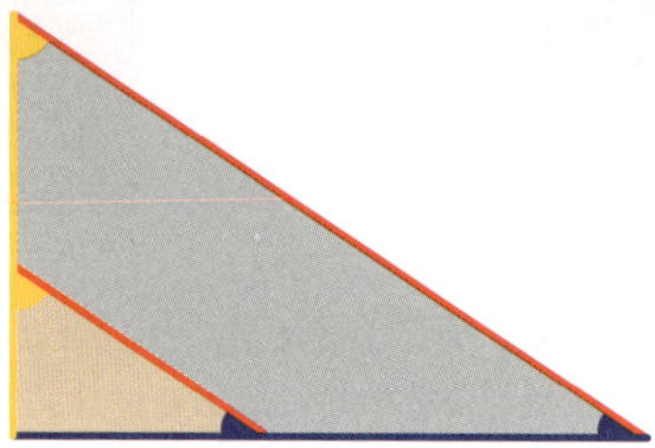

Sole produce ombre uguali alle altezze. Bisogna però prima dimostrare che *due triangoli simili hanno i lati corrispondenti proporzionali fra loro*. Dopo di che, si può ricavare l'altezza incognita della piramide o dell'obelisco, facendo la proporzione con l'altezza nota del bastone o dell'uomo, che è uguale a quella fra le loro ombre misurate.

Ora, che i due triangoli siano simili, e che abbiano gli stessi angoli, si dimostra esattamente come prima. Ma dire che due triangoli hanno gli stessi angoli, vuol dire che sono lo stesso triangolo, soltanto disegnato in due scale diverse. E dire che uno stesso triangolo è disegnato in due scale diverse, vuol dire appunto che i due disegni hanno lati corrispondenti proporzionali fra loro.

Quello che abbiamo appena dimostrato, sulla proporzionalità dei lati corrispondenti di triangoli simili, si chiama giustamente *teorema di Talete*. E vale in generale, non soltanto per i triangoli rettangoli come quelli considerati finora. L'unica proprietà dei triangoli uomo-ombra e obelisco-ombra che si è usata nelle dimostrazioni precedenti, infatti, è che i lati siano paralleli a due a due. Cioè, che i due triangoli siano simili, appunto.

Due parallele tagliate da una trasversale

Il metodo di scorrimento usato nella dimostrazione che i triangoli simili hanno angoli corrispondenti uguali produce rette parallele (le ipotenuse) tagliate da trasversali (i lati). Astraendo dal contesto dei triangoli, si ottiene un altro famoso teorema dimostrato da Talete: *due rette parallele tagliate da una trasversale hanno angoli corrispondenti uguali.*

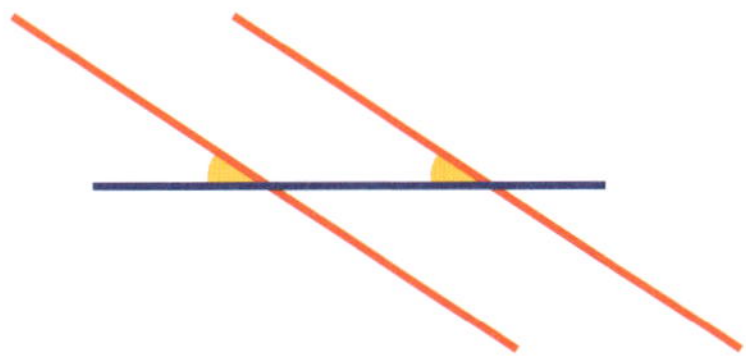

Da questo segue immediatamente che *due rette parallele tagliate da una trasversale hanno angoli alterni interni uguali*, perché due angoli opposti al vertice sono ovviamente uguali.

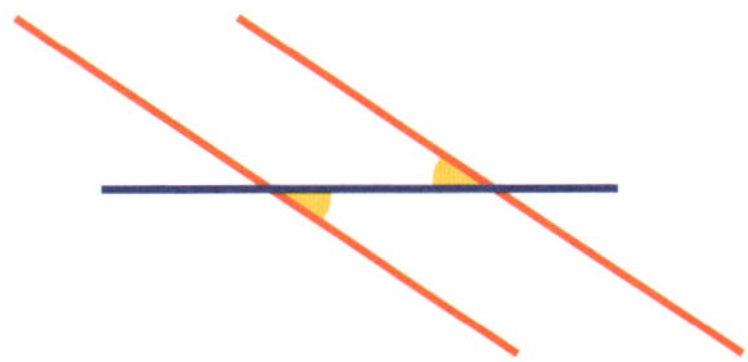

L'applicazione più importante di queste osservazioni è uno dei teoremi non solo più famosi, ma anche più importanti della geometria: *la somma degli angoli interni di un triangolo è uguale a un angolo piatto*. Talmente famoso, da essere addirittura finito del *Paradiso* di Dante, che nei versi 14-15 del Canto XVII lo enuncia così: «veggion le terrene menti non capere in triangol due ottusi».

Per vedere il teorema con la terrena mente, basta tracciare la parallela alla base passante per il vertice opposto, e considerare i due lati rimanenti come due trasversali. I loro rispettivi angoli alterni sono uguali ai due angoli alla base, e uniti all'angolo al vertice formano un angolo piatto.

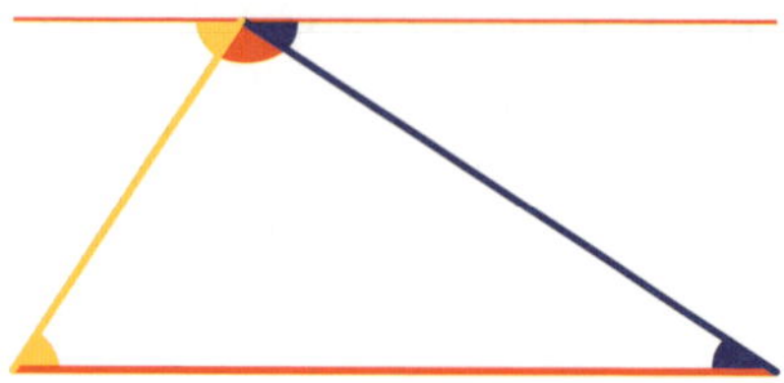

Riflessioni sul Ponte degli Asini

Abbiamo detto sopra che, «ovviamente», due angoli opposti al vertice sono uguali. Ormai però abbiamo capito che Talete non si accontentava dell'ovvio. E uno dei successi del tipo di matematica da lui inaugurato fu appunto riuscire ad analizzare e dimostrare anche ciò che è, o sembra essere, ovvio. Qualcosa di simile l'ha fatto anche la fisica moderna, che è riuscita a scomporre ciò che per la chimica era atomico, cioè «indivisibile» (dal greco *a*, «non», e *tomos*, «tagliato» o «diviso»).

Un primo modo per dimostrare che *due angoli opposti al vertice sono uguali* consiste nel notare che entrambi sommano a un angolo piatto, quando si aggiunge a ciascuno lo stesso angolo esterno. Un secondo modo, più visivo, è osservare che i due angoli sono uno il riflesso dell'altro, in uno specchio che venga posizionato lungo la bisettrice dell'angolo esterno.

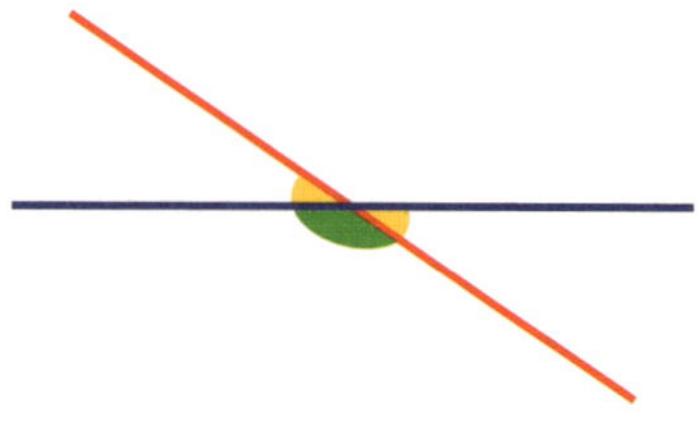

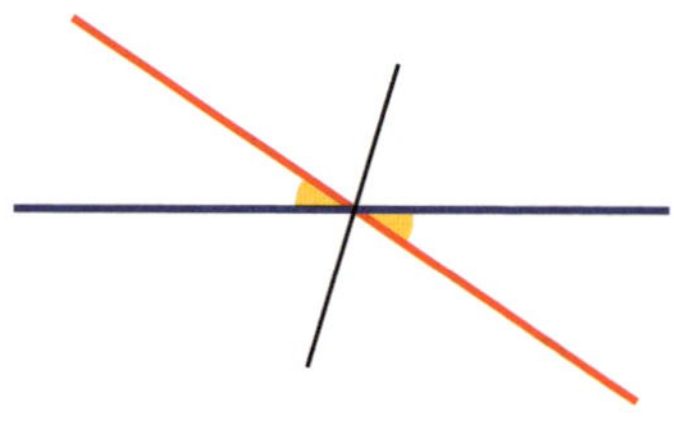

In un modo analogo si può dimostrare un altro dei teoremi «ovvi» di Talete: *un triangolo isoscele ha angoli alla base uguali*. Basta osservare che i due angoli sono uno il riflesso dell'altro, in uno specchio che venga questa volta posizionato lungo la bisettrice dell'angolo al vertice. Una dimostrazione quasi evanescente, questa, in cui uno stesso triangolo gioca due ruoli contemporaneamente: di se stesso, e della sua immagine speculare.

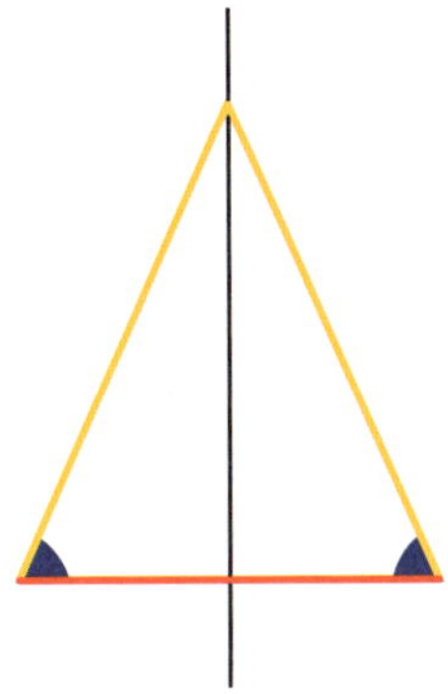

Questa bella dimostrazione è del matematico alessandrino Pappo, vissuto verso il 300. Non sappiamo quale sia stata la dimostrazione di Talete, quasi un millennio prima. Quella di Euclide era complicata, e usava una figura che ricordava un po' un ponte. Nel XIII secolo Ruggero Bacone chiamò dunque il risultato *pons asinorum*, «ponte degli asini», perché costituiva uno scivoloso passaggio obbligato per lo studente, oltre il quale gli asini non riuscivano ad andare.

Il cerchio e ciò che vi s'indova

Talete poteva sicuramente essere soddisfatto di tutti questi risultati, ma ne trovò ancora uno, che costituisce, forse, il suo capolavoro. Non a caso, anch'esso viene spesso chiamato *teorema di Talete*, come già quello sui triangoli simili, e afferma che *un triangolo inscritto in una semicirconferenza è retto*.

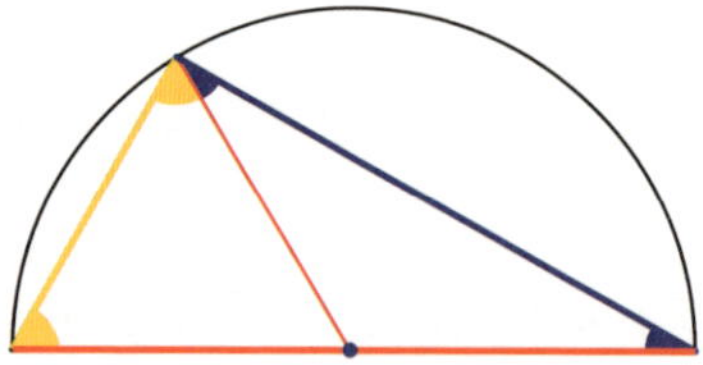

La dimostrazione utilizza, appropriatamente, due dei teoremi già dimostrati da Talete. Si scompone infatti il triangolo inscritto nella semicirconferenza in due triangoli isosceli, entrambi aventi per lati i raggi del cerchio. Per il teorema sui triangoli isosceli, i loro angoli alla base sono uguali. Per il teorema sulla somma degli angoli di un triangolo, questi quattro angoli alla base assommano a un angolo piatto. E poiché l'angolo alla circonferenza è la somma di due angoli alla base, uno per ciascuno dei due triangoli isosceli, esso è metà di un angolo piatto, cioè un angolo retto.

Un'altra dimostrazione, forse più intuitiva, consiste nel far fare al triangolo un mezzo giro attorno al cerchio. Si ottiene così un parallelogramma, che ha due diagonali uguali al diametro del cerchio, e dunque uguali fra loro. Ma un parallelogramma con le diagonali uguali dev'essere un rettangolo!

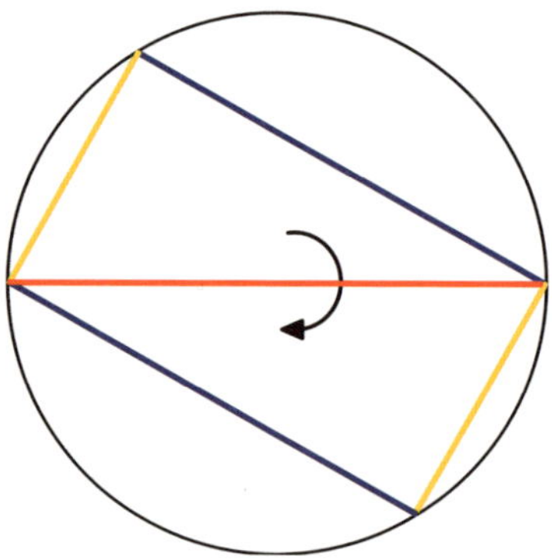

Questa dimostrazione si può anche rivoltare, a provare viceversa che *un triangolo rettangolo è inscritto in una semicirconferenza*. Si può infatti costruire sul triangolo rettangolo un parallelogramma. Poiché due angoli sono già retti, e gli altri due sono uguali fra loro, devono essere anch'essi retti. Allora il parallelogramma è un rettangolo. Le sue due diagonali si incontrano in un punto equidistante dai vertici, che è il centro del cerchio circoscritto. E la base del triangolo rettangolo è un suo diametro.

Anche questo risultato di Talete trovò posto nel *Paradiso*, nei versi 101-102 del Canto XIII: «del mezzo cerchio far non si puote triangol sì ch'un retto non avesse». C'è da chiedersi, naturalmente, quanti critici letterari, nel corso dei secoli, abbiano capito ciò di cui parlava Dante. Ma anche quanto ne capisse lui stesso, visto che di matematica non sembrava masticarne molta: certo, molto meno della teologia.

In tutta la *Divina Commedia* di teoremi ne sono citati solo due, ma è significativo che siano entrambi di Talete. A conferma della sua appartenenza agli «spiriti magni», non solo dell'immaginario Limbo poetico, ma soprattutto della reale storia scientifica.

IV

L'irrazionale scende in campo

Pitagora

Alle prime luci dell'alba, un ambasciatore celeste appare a Oriente e annuncia l'arrivo del nuovo giorno. Si tratta della Stella del Mattino, l'oggetto più luminoso del cielo insieme a Giove, a parte il Sole. E anche l'unico che, sempre a parte il Sole, non si vede di notte, ma si può vedere di giorno.

I Greci lo chiamavano Fosforo, «Portatore di luce» (da *phos*, «luce», e *phero*, «porto»), e i Romani ne tradussero letteralmente il nome in Lucifero (da *lux* e *fero*). Niente a che vedere col diavolo, naturalmente, anche se l'apocrifa leggenda dell'angelo ribelle caduto dal cielo si basa su un singolare fraintendimento legato all'astronomia: cioè, letteralmente, alle «leggi (da *nómos*, legge) degli astri».

Giove è infatti un pianeta esterno rispetto all'orbita terrestre, mentre la Stella del Mattino è un pianeta interno. Per questo uno si vede di notte, e l'altro no. Ma il fatto che la loro luminosità apparente sia più o meno la stessa, fece nascere la favola che Lucifero avesse voluto diventare tanto luminoso quanto Giove, e che questi l'avesse scacciato dal cielo.

Alle ultime luci del tramonto, un altro ambasciatore celeste appare a Occidente e annuncia la fine del vecchio giorno. Si tratta questa volta della Stella della Sera, luminosa quanto quella del Mattino. I Greci la chiamavano Espero, «Serotina» (da *espera*, «sera»), e i Romani ne adattarono il nome in Vespero, da cui derivano le parole «vespro» e «vespertino».

Poiché i Greci amavano condire tutto in salsa mitologica, si inventarono che Fosforo ed Espero fossero figli di Eos e Astreo, che i Romani chiamavano Aurora e Tramonto. Eos era la sorella di Helios e Selene, cioè del Sole e della Luna. La mattina usciva di casa, e con le omeriche «dita rosate» apriva le porte del cielo, annunciando l'uscita del fratello. Col marito Astreo, il cui nome era tutto un programma, essi diedero alla luce una numerosa famiglia astrale, che oltre a Fosforo ed Espero comprendeva anche gli altri pianeti. Cioè, letteralmente, i «corpi erranti» (da *planetes*, «vagabondi»), che si distinguevano dalle Stelle Fisse.

Ipse dixit

Dev'essere stato un grande momento, quando qualcuno si accorse che la Stella del Mattino e la Stella della Sera erano lo stesso corpo celeste! Si trattò della grande unificazione di due pianeti, ritenuti per millenni distinti, che si rivelarono essere soltanto due manifestazioni di Venere.

Ancor oggi la cosa impressiona parecchio i filosofi. Gottlob Frege, l'iniziatore a fine Ottocento della filosofia analitica, prese «Espero è Fosforo» come esempio dell'identità di *significato* di due termini il cui *senso*, cioè la forma in cui sono espressi, è diverso. Saul Kripke, il più famoso analitico vivente, la considera invece un esempio di verità necessaria *a posteriori*: cioè, di un'affermazione che non poteva essere diversa in teoria, ma si può venir a conoscere solo in pratica.

Secondo le *Vite dei filosofi* di Diogene Laerzio, il qualcuno che visse il grande momento, e fece la grande scoperta, fu Pitagora. Uno che, a somiglianza di Talete, andò a formarsi in Egitto. Ma anche uno che, a differenza di Talete, sembra fosse un po' tocco. Pitagora si riteneva infatti la reincarnazione di varie persone, e sosteneva di ricordarsi delle loro vite precedenti: dunque, doveva essere un letterale schizofrenico.

Pitagora in un particolare della *Scuola di Atene* di Raffaello Sanzio, 1508-11.

E anche un bacchettone, visto che predicava di non esagerare nel bere e nel mangiare, di limitarsi all'acqua e di evitare la carne, i pesci rossi e... le fave. Forse, però, quest'ultima proibizione aveva buone ragioni di essere: si è infatti scoperto che esiste una malattia genetica, tipicamente maschile, che provoca gravi crisi di anemia in seguito all'ingerimento delle fave. Si chiama ovviamente *favismo*, e sembra essere stato appunto diffuso nelle zone del Crotonese, dove Pitagora si era trasferito da Samo.

Non sappiamo se ne soffrisse lui, o se volesse solo metterne gli altri al riparo. Sappiamo invece che nessuno l'ha mai visto ridere, né scherzare: come Gesù, d'altronde. E nemmeno soddisfare necessità corporali di nessun genere. Anche se sua moglie Teano l'avrà tentato, visto che di lei si tramanda il motto: «Il pudore è come un vestito:

quando si va a letto è bene toglierlo, e quando ci si alza è bene rimetterlo».

A soffiare sul fuoco del mito di Pitagora ci pensavano i suoi accoliti. I quali vanno capiti, però, visto che per essere ammessi nel suo Club avevano dovuto far cassa comune dei loro patrimoni. E per cinque anni erano stati costretti ad ascoltare, senza poter parlare: una regola che a molti professori non dispiacerebbe adottare oggi nelle scuole.

Dopo l'esproprio del denaro e il lavaggio del cervello, non stupisce che qualcuno testimoniasse di aver intravisto il maestro nudo, notando che avesse un'anca d'oro. E che qualcun altro sostenesse di averlo visto attraversare il Nesso, udendo che il fiume lo salutava: «Ciao, Pitagora!».

La sede del Club era Crotone, ma verso il –500 fu data alle fiamme da un candidato che non era stato ammesso tra gli accoliti. O dai crotonesi, che ne avevano ormai le fave piene di quella vera e propria setta segreta, in cui Pitagora ricopriva il ruolo di profeta o di santone. Non a caso, è a lui che fu riferito per primo il motto *ipse dixit*, «l'ha detto lui», che nel Medioevo fu dirottato da Averroè su Aristotele, e divenne il proverbiale appello al principio d'autorità.

Al di là del mito, è storia che i Pitagorici furono cacciati dalla città, e perirono quasi tutti. I pochi superstiti si rifugiarono altrove, e il maestro morì poco dopo a Metaponto. Vista la segretezza e la paranoia della setta, non si può sapere con sicurezza quali fossero esattamente le sue dottrine. Né, di quelle che furono divulgate, quali risalgano personalmente a lui, invece che genericamente alla sua scuola.

Sicuramente la figura di Pitagora è in buona parte mitica e inventata, come d'altronde quella di molti profeti. Ma poiché siamo matematici, e non religiosi, non ci importa nulla che il maestro sia esistito, oppure no. E certo non ci beviamo che sia andato e tornato dall'Ade, come voleva far credere lui stesso. Ci bastano i teoremi che gli vengono attribuiti, e che costituiscono uno dei lasciti più profondi e duraturi dell'intera storia della matematica.

E ci soddisfa il nome di *mathematikos*, «apprendista» (da *mathema*, «apprendimento»), che nel Club indicava i discepoli ai quali venivano impartite le spiegazioni delle cose. Gli altri invece, che venivano indicati con il nome di *akousmatikos*, «uditore» o «ascoltatore» (da *akousma*, «suono»), dovevano accontentarsi di imparare fatti e regole, ma senza sapere perché. Ovvero, chi ha solo orecchie per ascoltare, ascolti. Ma chi ha cervello per apprendere, apprenda.

Il quadrato costruito sull'ipotenusa

La prima cosa che abbiamo ascoltato di Pitagora, fin dalle elementari, è ovviamente la filastrocca del teorema legato al suo nome: *in un triangolo rettangolo, il quadrato costruito sull'ipotenusa è uguale alla somma dei quadrati costruiti sui cateti*. Apprenderlo è, ovviamente, un altro paio di maniche.

Della sua scoperta non sappiamo molto. Diogene Laerzio racconta che Pitagora «sacrificò un gran numero di buoi per celebrarla», benché le regole del Club da lui stesso dettate proibissero di uccidere gli animali. Ma anche ammesso che l'abbia veramente scoperto per conto suo, sicuramente il teorema era già noto ben prima di lui.

Ad esempio, senza di esso gli Indiani non avrebbero potuto risolvere i loro problemi favoriti, di costruzione e moltiplicazione degli altari. Puntualmente, troviamo il teorema nei *Sulvasutra* di Katyayana, enunciato così: «La fune tesa sulla diagonale di un rettangolo forma un'area pari alla somma di quelle formate dai lati verticale e orizzontale».

Evidentemente, gli Indiani disegnavano il triangolo rettangolo con un cateto come base e l'altro come altezza, come facciamo anche noi. I Greci, invece, come base preferivano l'ipotenusa: il che spiega il suo nome *hypotheinousa*, che significa «sottesa» (da *hypo*, «sotto», e *teinein*, «tendere»). Analogamente, cateto deriva da *kathetos* e significa «perpendicolare» (da *kathiénai*, «lasciar cadere»).

Forse, il motivo per legare il teorema al nome di Pitagora è che egli ne diede una qualche dimostrazione. Testimonia infatti Proclo, nel *Commento al Primo Libro degli Elemen-*

ti di Euclide: «Pitagora trasformò lo studio della geometria in un'arte liberale, esaminando i principi di questa scienza dalle basi, e mettendo alla prova i teoremi in modo immateriale e intellettuale».

Una dimostrazione di un caso particolare l'abbiamo già vista, parlando della duplicazione del quadrato. Per dimostrarlo in generale, ci sono letteralmente centinaia di modi diversi: Elisha Loomis ne riporta quasi 400 nel suo libro *La proposizione pitagorica*! Il più intuitivo combina due figure, ciascuna delle quali ha una lunga tradizione:

- La prima fu usata nel retro delle monete dell'isola di Egina, vicino ad Atene, a partire dal –404. E un secolo dopo finì negli *Elementi* di Euclide, come illustrazione della Proposizione II.4.

Moneta di Egina.

- La seconda può venire in mente guardando la figura a destra a p. 51, e si ritrova nella più antica opera cinese di matematica, il *Chou Pei Suan Ching*, «Classico dello gnomone e delle orbite circolari celesti». Il testo risale al periodo degli Stati Combattenti, tra il –476 e il –221, ma è ritenuto la trascrizione di uno molto più antico.

Osserviamo allora queste due figure. Come si vede, in ciascuna ci sono quattro copie di un triangolo rettangolo, disposte in due modi diversi dentro uno stesso quadrato, il cui lato è pari alla somma dei cateti. A sinistra, la parte lasciata libera dai quattro triangoli corrisponde alla somma dei quadrati costruiti sui cateti. E a destra, al quadrato costruito sull'ipotenusa. Dunque...

Due artisti che, evidentemente, hanno non solo osservato le due figure precedenti, ma le hanno anche rielaborate, sono Piet Mondrian e Theo Van Doesburg. Due loro rispettive opere, *Composizione con rosso, blu e giallo* del 1930, e *Controcomposizione V* del 1924, non sembrano infatti altro che variazioni sul tema della dimostrazione precedente.

Piet Mondrian, *Composizione con rosso blu e giallo*, 1930.
Theo Van Doesburg, *Controcomposizione V*, 1924.

Si può fare di meglio

La dimostrazione che abbiamo appena visto è molto intuitiva, ma richiede la considerazione di otto copie del triangolo rettangolo. Un modo più parsimonioso di dimostrare il teorema di Pitagora fa uso di una figura già presente in una tavoletta cuneiforme, trovata a metà Novecento nel sito sumero di Shaduppum, l'odierna Tell Harmal irachena. Se, come sembra, risale a circa il –2000, si tratta di uno dei testi più antichi della storia della matematica.

Tavoletta di Tell Harmal.

La stessa figura è usata anche nella Proposizione VI.8 degli *Elementi* di Euclide, per una dimostrazione alternativa del teorema di Pitagora. E fu riscoperta nel 1891 dal dodicenne Albert Einstein, che da settantenne ricordò nella sua *Autobiografia scientifica*: «Uno zio mi disse del teorema e io, dopo molti sforzi, riuscii a dimostrarlo servendomi della similitudine dei triangoli».

Sempre la stessa figura è stata usata nel 1920 da Gino Severini, per la composizione della sua *Maternità*. L'anno dopo lo stesso artista spiegò, nel libro *Dal cubismo al classicismo*, che il quadro è idealmente diviso in due triangoli rettangoli da una diagonale, e che un braccio della madre e il corpo della bambina sono paralleli alle loro altezze. In tal modo, le proporzionalità dei triangoli rettangoli si trasmettono automaticamente alla composizione.

Gino Severini, *Maternità*, 1916.

L'idea di questa nuova dimostrazione del teorema di Pitagora è veramente semplice e geniale, allo stesso tempo. Dato il triangolo rettangolo, si tira l'altezza e... basta! Poi bisogna pensare di più, avendo fatto di meno, e notare varie cose:

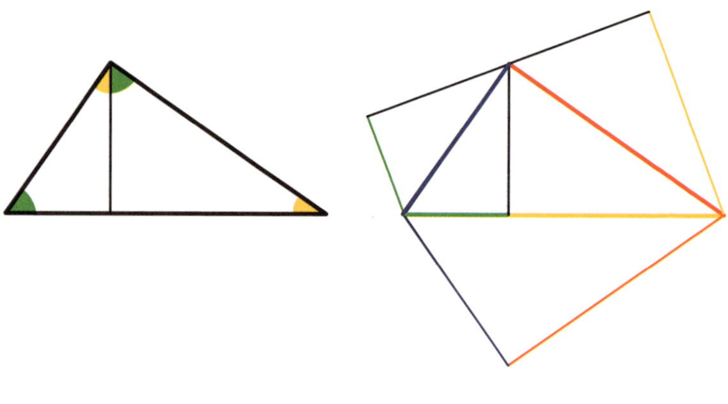

- Anzitutto, i due triangolini che si ottengono sono simili al triangolo di partenza, perché hanno tutti gli stessi angoli: uno retto, e gli altri due che sommano a un angolo retto.
- Poi, si possono riflettere i due triangolini all'insù, e il triangolo di partenza all'ingiù, ottenendo tre triangoli simili sui lati del triangolo.
- Infine, poiché i due triangolini hanno per somma il triangolo di partenza, si deduce che *in un triangolo rettangolo, il triangolo simile costruito sull'ipotenusa è uguale alla somma dei triangoli simili costruiti sui cateti.*

Questa non sembra una gran dimostrazione del teorema di Pitagora, a dire il vero: non parla nemmeno di *quadrati* costruiti sui lati di un triangolo rettangolo, bensì di *triangoli* simili a esso! Ma, in realtà, per ottenere la versione originaria, basta dimostrare che l'area di triangoli simili qualunque è proporzionale al quadrato costruito sulle loro basi.

Dimostrato quello, ci si accorge che non c'è bisogno che i triangoli costruiti sui lati siano simili a quello di partenza: basta che siano simili fra loro. Anzi, non c'è nemmeno bisogno che si tratti di triangoli: basta che si tratti di figure simili (anche non rettilinee) costruite su segmenti, purché l'area sia sempre proporzionale ai loro quadrati.

E poiché si è scoperto, un passo dopo l'altro, che questo succede sempre, si ottiene così una straordinaria forma generale del teorema di Pitagora: *in un triangolo rettangolo, una figura qualunque costruita sull'ipotenusa è uguale alla somma delle figure simili costruite sui cateti*!

Forse Pitagora c'entrava qualcosa prima, ma sicuramente ora non c'entra più niente. In questa forma generale, il teorema è stato infatti intuito da Euclide, che lo enunciò nella Proposizione VI.31 degli *Elementi* per le figure rettilinee, e ne dimostrò un caso speciale. Più di così, per i triangoli rettangoli sarebbe difficile fare. Anche se in seguito vedremo che si può andare in altre direzioni.

La divina proporzione

Non stupisce che i Greci, così attratti dalle espressioni artistiche, abbiano cercato di individuare l'essenza matematica della proporzione perfetta. Stupisce semmai che l'abbiano trovata, in quella che fu battezzata «divina proporzione» da Luca Pacioli nel 1509, e «sezione aurea» da Martin Ohm nel 1835.

Sembra che, ancora una volta, a trovarla siano stati Pitagora o i Pitagorici. E la trovarono nel *rettangolo aureo*. Più precisamente, in un rettangolo che, quando gli si sottrae il quadrato costruito sul lato minore, lascia come residuo un rettangolo simile a quello da cui si è partiti, nel senso che i loro lati corrispondenti sono proporzionali:

Cosa ci sia di «divino», o di «aureo», in questo rettangolo, è presto detto. Le sue proporzioni, infatti, sono particolarmente equilibrate da un punto di vista matematico, e particolarmente piacevoli da un punto di vista estetico. In altre parole, il rettangolo aureo sembra essere il «migliore», o il più «bello», nell'infinita varietà di rettangoli più o meno oblunghi: né troppo simmetrico, come il quadrato, né troppo poco, come una strisciolina sottile.

E che sia effettivamente artistico, lo si deduce dalle innumerevoli apparizioni del rettangolo aureo nelle proporzioni delle opere d'arte. Anzitutto, nella Grande Piramide, benché in maniera un po' nascosta: cioè, nel rapporto fra l'altezza delle facce triangolari, e la metà del lato della base quadrata. La cosa fu scoperta fortunosamente, fraintendendo le *Storie* di Erodoto. In un brano, infatti, sembrava si dicesse che le facce triangolari erano uguali al quadrato costruito sull'altezza. In realtà Erodoto non dice quello, ma la Piramide rimane comunque fatta così.

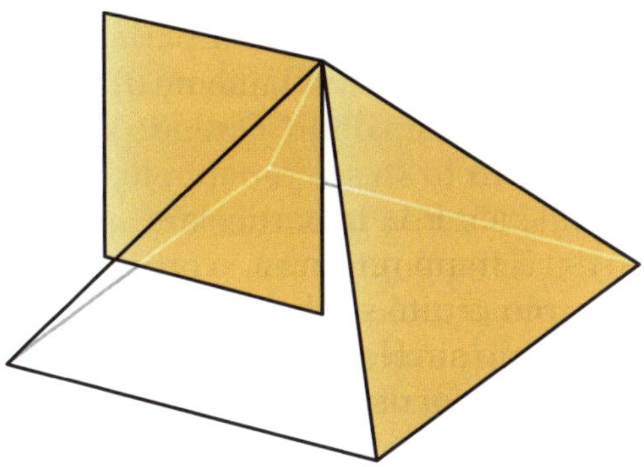

Più esplicitamente, e senza fraintendimenti, la proporzione aurea si ritrova nella *Flagellazione di Cristo*, dipinta a metà del Quattrocento da Piero della Francesca e divisa in due scene distinte, una quadrata e l'altra rettangolare, in modo da illustrare la definizione stessa di rettangolo aureo. O nel *Modulor*, «Module d'or», inventato nel 1948 da Le Corbusier per proporzionare edifici e mobili in maniera particolarmente armonica.

Piero della Francesca, *Flagellazione di Cristo*, 1444-70.

Il motivo per cui abbiamo finora parlato di rettangolo aureo, al singolare, benché ovviamente di rettangoli aurei ce ne siano molti, è presto detto. Essendo simili fra loro, in realtà essi sono tutti lo stesso rettangolo, semplicemente disegnato in scale diverse. In particolare, quando si sottrae un quadrato dal rettangolo aureo, si ottiene ancora un rettangolo aureo, più piccolo. E quando si sottrae da questo un quadrato, si ottiene di nuovo un rettangolo aureo, ancora più piccolo. E così via, all'infinito, perché ogni volta si cambia semplicemente la scala del rettangolo.

La cosa ha almeno due conseguenze, una buona e l'altra cattiva. Quella buona è che si può inscrivere un quarto di cerchio nei vari quadrati che via via si tolgono. Collegandoli, si ottiene una *spirale aurea* che si può continuare all'infinito, in entrambe le direzioni. Essa appartiene alla famiglia delle *spirali logaritmiche*, a loro volta dette «mirabili» per le loro proprietà, sia matematiche che estetiche: prima fra tutte, il fatto che se si zooma su di esse, si ottiene sempre la stessa immagine.

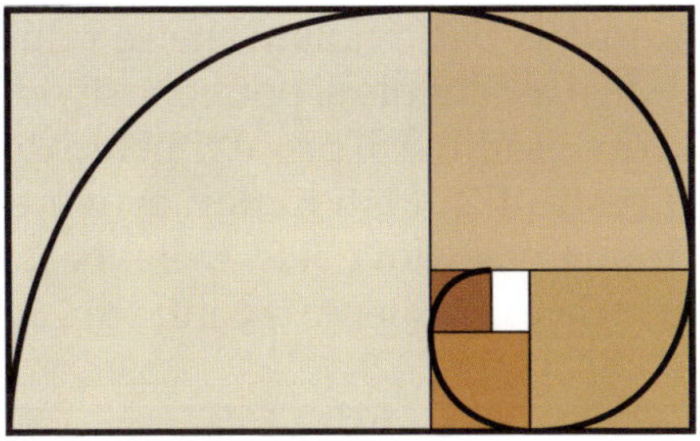

In natura si ritrovano gli esempi più disparati di spirali logaritmiche: dalle chiocciole, agli uragani, alle galassie. Talmente tanti, che ci sono libri interi dedicati all'argomento, a partire dai due classici *Le curve della vita* di Theodore Cook del 1914, e *Crescita e forma* di D'Arcy Thompson del 1942. In genere, però, *non* si tratta di spirali auree: nemmeno nel caso della conchiglia del Nautilus, nonostante ciò che se ne dice spesso a sproposito.

La diabolica proporzione

Come annunciato, il fatto che un rettangolo aureo ne generi un altro per sottrazione di un quadrato ha anche una conseguenza negativa. Da esso deriva infatti che *i due lati del rettangolo aureo sono incommensurabili fra loro*, nel senso che non si può trovare un'unità di misura che stia un numero esatto di volte in entrambi.

Per convincersene, basta notare che se i due lati fossero commensurabili, il rettangolo si potrebbe dividere in un numero esatto di quadratini. E il procedimento di sottrarre via via i quadrati costruiti sui lati minori arriverebbe prima o poi a un quadrato finale, dove si fermerebbe. Ma col rettangolo aureo succede esattamente il contrario, appunto.

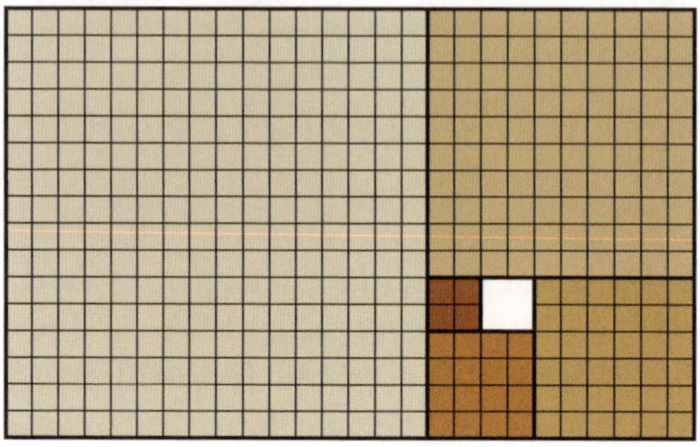

Uno dei motivi per cui l'esistenza di grandezze geometriche incommensurabili è seccante, è proprio il fatto che essa richiede un ripensamento della nozione di area. A partire dalle dimostrazioni di risultati anche «ovvi», quale il fatto che l'area del rettangolo sia uguale a «base per altezza». Come abbiamo visto parlando degli Egizi, era infatti proprio la commensurabilità di due segmenti qualunque a permettere di scomporre un qualunque rettangolo in un numero esatto di quadratini, e di calcolarne dunque in tal modo l'area.

Ma ai Pitagorici le grandezze incommensurabili davano fastidio soprattutto da un punto di vista filosofico. La parola che i Greci usavano per la commensurabilità era infatti *logon*, «razionale». In origine il senso era quello che si usa ancor oggi in matematica, parlando di «numero razionale»: cioè, qualcosa che si può esprimere attraverso un «rapporto». Ma in seguito il senso si era allargato a quello oggi più comune, quando si parla di «razionalità»: cioè, qualcosa che si può capire con il pensiero, essendo commensurato a qualche unità di misura intellettuale.

Addirittura, la fiducia dei Pitagorici nella ragione si era

spinta fino a coniare il motto: «Tutto è razionale». La scoperta dell'incommensurabilità, dell'*alogon* o «irrazionale», falsificava questo loro ottimistico motto, e minava la loro filosofia razionalistica. Comprensibilmente, essi cercarono da principio di mantenere il segreto. E non gradirono affatto che qualcuno alla fine lo divulgasse, come racconta Giamblico nella *Vita di Pitagora*:

> Si dice che il primo che rivelò la natura della commensurabilità e dell'incommensurabilità a gente indegna di venire a conoscenza di tali dottrine suscitasse una tale indignazione, che non solo fu cacciato dalla società e dalla mensa, ma gli fu anche preparato un sepolcro, proprio come se fosse morto colui che una volta era stato un amico.

La notizia non si poteva fermare, però. Anche perché, una volta allertati al fenomeno, lo si ritrovò in molte altre grandezze. Nell'esempio più noto, anche *la diagonale e il lato del quadrato sono incommensurabili fra loro*, benché la dimostrazione in tal caso sia più complicata. Si può dunque immaginare che essa sia stata preceduta da quella, più semplice, dell'irrazionalità tra i lati del rettangolo aureo.

In entrambi i casi, i Pitagorici dimostrarono una forma di quello che, nel linguaggio della fisica moderna, si potrebbe chiamare un *principio di indeterminazione*: date due grandezze incommensurabili, un'unità di misura che permette di misurarne esattamente una, non permette di misurare esattamente anche l'altra. Una situazione veramente diabolica, che si combina in maniera perversamente manichea con la divinità della proporzione aurea.

Unità di crisi al Pentagono

Per quanto riguarda la commensurabilità, nel caso del quadrato qualcosa era andato storto: la sua diagonale, appunto. La stessa cosa successe anche per il *pentagono regolare* a cinque lati (da *pente*, «cinque»), che oggi a noi fa subito venire in mente l'omonimo l'edificio di Washington, sede del ministero della Difesa degli Stati Uniti.

In origine, le prime proprietà del pentagono furono forse intuite dalla piegatura di un nastro:

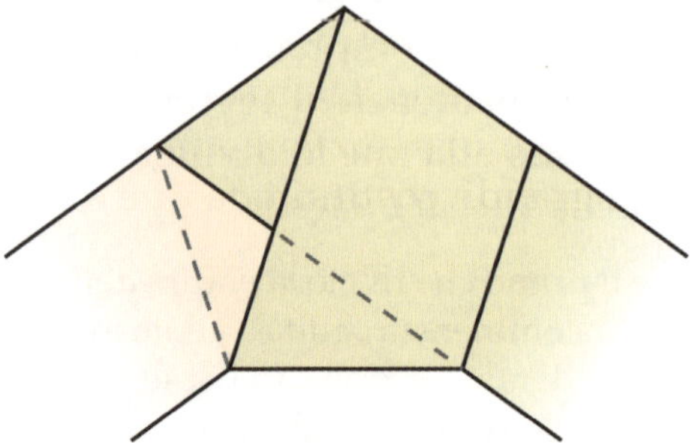

Questa costruzione attrae immediatamente l'attenzione sulle diagonali. Tracciandole tutte e cinque insieme si ottiene un *pentagono stellato*, analogo a quelli già visti per l'esagono e l'ottagono. Questa volta, però, la stellatura non consiste di triangoli equilateri, bensì di triangoli isosceli, con gli angoli alla base doppi di quello al vertice.

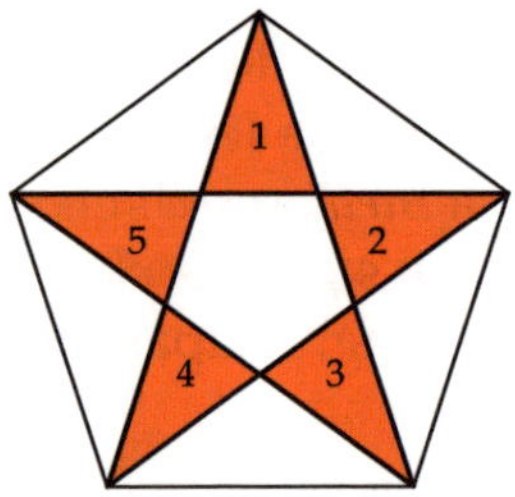

Si tratta di quelli che vengono giustamente chiamati *triangoli aurei*, perché sottraendo loro un triangolo isoscele costruito sul lato, si ottiene ancora un triangolo simile. Naturalmente, niente a che vedere col Triangolo d'Oro formato dalle zone al confine tra Birmania, Laos e Thailandia. Quello è aureo per motivi di tutt'altro genere, legati alla produzione dell'oppio, che molti considerano persino più eccitanti della matematica, benché siano guardati con sospetto dai papaveri del Pentagono statunitense.

Quanto al pentagono matematico, di triangoli aurei ne contiene almeno venti! Oltre ai cinque appena descritti, ce ne sono infatti altri cinque più grandi, uno dei quali si vede nella figura del nastro, che si incastrano nel pentagono in direzione oraria. E altri cinque simmetrici, che si incastrano invece in direzione antioraria. E altri cinque ancora più grandi, costituiti da due diagonali intere e il lato opposto.

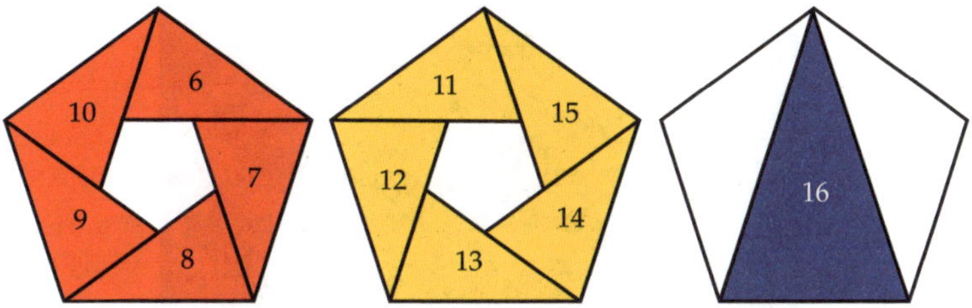

Il pentagono stellato si chiama anche *stella pitagorica*, perché, appena scoperta, fu subito adottata come logo del Club. Nel *Faust* di Goethe si scopre che, millenni dopo, veniva usata per impaurire il diavolo, perché ha tante punte quante le lettere del nome Jesus. Nel Novecento, infine, è diventata la famosa *Stella rossa sulla Cina* dell'omonimo libro di Edgar Snow, e se la sono annessi come simbolo l'Armata Rossa, i Vietcong, i Tupamaros e le Brigate Rosse.

Ma è stata usata anche nell'arte. A volte in maniera esplicita, come nei rosoni della Chiesa templare di San Bartolomeo, in Spagna, o della chiesa di Saint-Ouen, in Francia. O in una vetrata dell'abbazia cistercense di Hauterive, a Friburgo. O nella *Cifra cinque* di Robert Indiana, del 1963.

Rosone della chiesa di Saint-Ouen in Francia.

Robert Indiana, *La cifra cinque*, 1963.

Altre volte, la stella pitagorica è stata usata in maniera nascosta. Da Salvador Dalí, ad esempio, che nei *Cinquanta segreti dell'artigianato magico* mostra come abbia costruito la *Leda atomica* nel 1949. Inscrivendola, appunto, in una stel-

Salvador Dalí, *Leda atomica*, bozzetto e dipinto, 1947-49.

la pitagorica, in modo da farle acquisire automaticamente le proporzioni auree. Un processo che rimane implicito nel quadro finale, ma è suggerito esplicitamente da una squadretta in un angolo.

Le stesse proporzioni divine della stella pitagorica, ovviamente, sono anche diaboliche. Infatti, le diagonali del pentagono regolare generano un altro pentagono regolare più piccolo. E le diagonali di questo pentagono, ne generano uno ancora più piccolo. E così via. Questo lascia intuire, come già per i lati del rettangolo aureo, che anche *la diagonale e il lato del pentagono regolare sono incommensurabili.*

A differenza del rapporto fra la diagonale e il lato del quadrato, però, non si tratta di un nuovo esempio di incommensurabilità. Il rapporto fra la diagonale e il lato del pentagono regolare è, infatti, lo stesso che c'è fra i lati del rettangolo aureo. E che queste due figure siano state definite in maniera così diversa, ma si rivelino in seguito così legate, è una manifestazione della profonda interconnessione della matematica.

Invito a nozze

Le nozze di Figaro di Mozart iniziano cantando: «Cinque, dieci, venti, trenta, trentasei, quarantatré». Questa sequenza di numeri, probabilmente generata in maniera casuale da Lorenzo Da Ponte, suggerisce un possibile modo per continuare la lista di poligoni regolari che abbiamo finora considerato.

Passare dal pentagono a cinque lati al *decagono* a dieci (da *deka*, «dieci»), è ovvio: basta raddoppiare il numero di lati, dimezzando gli angoli al centro. Niente affatto ovvio è invece il meraviglioso legame tra il pentagono e il decagono dimostrato nelle Proposizioni XIII.9-10 degli *Elementi* di Euclide: *i lati di un pentagono, un esagono e un decagono regolari inscritti in circonferenze uguali formano un triangolo rettangolo, i cui cateti sono in proporzione aurea.*

Anche passare dal decagono all'*icosagono* a venti lati (da *éikosi*, «venti»), è ovvio: basta di nuovo raddoppiare il numero di lati. Un po' meno ovvio è un altro modo, più inventivo, di ottenerlo: fare il «minimo comune multiplo» del quadrato e del pentagono, sfruttando il fatto che 20 è uguale a 4 per 5.

L'icosagono affascinò i Greci, che lo usarono verso il –380 nella costruzione del Tholos, o «Rotonda», di Atena a Delfi. La progettazione la fece l'architetto Teodoro di Focea, che descrisse il tempio in un libro oggi perduto. Dai resti si deduce che esso era strutturato come un decagono all'interno di un icosagono, definiti rispettivamente da

Tholos di Atena a Delfi.

dieci e venti colonne equidistanti. Purtroppo, oggi ne rimangono in piedi solo tre.

Molto meglio preservato, con una sola colonna esterna mancante, è l'analogo Tempio di Ercole Oleario nel Foro Boario di Roma, proprio di fronte alla Bocca della Verità. Il nome deriva dal fatto che Ercole era protettore degli oleari, e uno di loro finanziò la costruzione verso il –120. La conservazione è dovuta al fatto che durante il Medioevo il tempio fu adibito a chiesa. Fu «liberato» solo agli inizi dell'Ottocento dalle truppe francesi, durante l'esilio di Pio VII.

Volendo continuare la lista di nozze dei poligoni, costruire quello regolare di trenta lati non è un problema. Lo si può ottenere come «minimo comune multiplo» del triangolo e del decagono (3×10), o del pentagono e dell'esagono (5×6). Oppure raddoppiando il *pentadecagono*, a quindici lati, che a sua volta si può ottenere come «minimo comune multiplo» del triangolo e del pentagono (3×5).

Ma qui ci si deve fermare. Se fosse possibile costruire

Tempio di Ercole Oleario nel Foro Boario a Roma.

il poligono regolare a trentasei lati, prendendo un vertice ogni quattro si costruirebbe anche un *ennagono* regolare a nove lati (da *ennea*, «nove»). Ma questo è un altro dei famosi problemi insolubili dei Greci, risolto negativamente nel 1837 dal già citato Wantzel, che dimostrò anche l'impossibilità di costruire l'*ettagono* regolare a sette lati (da *epta*, «sette»). Ancora una volta, dunque, abbiamo raggiunto un punto morto della nostra storia, e dobbiamo ripartire in una nuova direzione.

V
Imprese lunatiche
Ippocrate

Non c'è bisogno di essere astronomi, per accorgersi che la Luna ha delle fasi che la fanno passare da nuova a piena, e viceversa, attraverso quelle che, per ovvi motivi, si chiamano *falci di Luna*. Queste falci sono disposte in modi contrari nelle due fasi, come ricordano le filastrocche: «gobba a ponente, luna crescente», e «gobba a levante, luna calante». O il proverbio: «La luna è bugiarda, quando fa C diminuisce, e quando fa D cresce».

In latino e in greco la falce di Luna si chiamava, rispettivamente, *lunula* e *meniskos*. I due termini derivano da *luna* e *mene*, che significavano entrambi «Luna»: si possono dunque tradurre tutti e due con «lunetta». Per estensione, si chiama lunetta anche una porzione di volta a forma di falce, o la parte dell'ostensorio in cui si pone l'ostia.

Ma anche «lunula» e «menisco» si sono conservati, sempre per indicare oggetti falciformi. Ad esempio, si chiamano lunule le macchie bianche delle unghie. E menischi le cartilagini di alcune articolazioni, le lenti concave-convesse, e le conche formate dalla superficie di un liquido in un tubicino.

Poiché le lingue naturali sono un po' raffazzonate, in italiano chiamiamo spesso *mezzaluna* cose che non sono né mezze, né lune: ad esempio, i coltelli a doppia impugnatura che servono per tritare. In francese e in inglese, invece, si chiama rispettivamente *croissant* e *crescent*, «crescente», qualunque falce di Luna, anche se calante: ce lo ricordiamo ogni mattina al bar, ordinando col suo nome francese il cornetto per la colazione.

La cosa diventa abbastanza ridicola quando si parla di mezzaluna, o di crescente, per il simbolo islamico, che è in realtà una *falce* di Luna *calante*. Basta guardare le bandiere di molti Stati, dal Pakistan alla Turchia (vedi sotto), per accorgersi che la luna fa C, e dunque è decrescente. Per buona misura, le due bandiere contengono pure una stella pitagorica a cinque punte. Di queste stelle, la bandiera di Singapore ne ha addirittura cinque, e quella dell'Uzbekistan nientemeno che dodici!

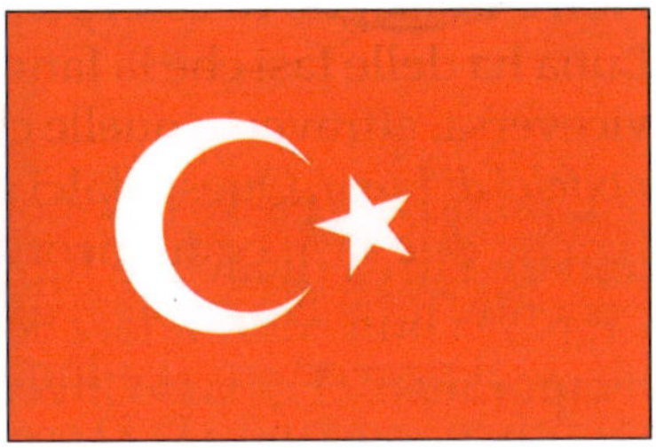

L'uso della stella e della falce di Luna deriva dai versi iniziali delle Sure 53 e 54 del *Corano*: «Per la stella quando tramonta», e «L'ora si avvicina e la Luna si spacca». Ma la falce di Luna è un simbolo universale, adottato dai Babilonesi quattro millenni fa, dai Fenici tre, dai Parti due e dai Turchi uno. Gli alchimisti la usavano come simbolo per l'argento, e in India la indossava Shiva come fermaglio per i capelli. Oggi la Mezzaluna Rossa è l'analogo islamico della Croce Rossa, e la Mezzaluna Fertile indica la regione attorno ai quattro grandi fiumi del Medio Oriente: Nilo, Giordano, Tigri ed Eufrate.

L'altro Ippocrate, quello vero

In geometria, le *lunule* sono le figure concave determinate da due archi di cerchio. Come le falci di Luna, appunto: anche se, per ironia della sorte, queste non sono tecnicamente delle vere lunule. Il bordo esterno è un arco circolare di Luna, ma quello interno è il bordo della faccia illuminata dal Sole. E, come vedremo in seguito, la proiezione di un cerchio è un'ellisse.

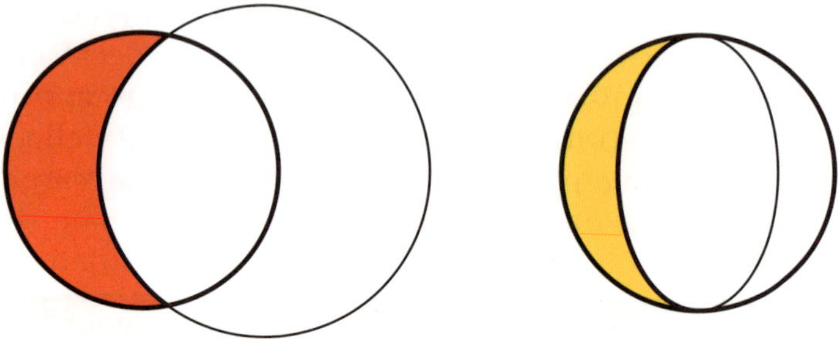

L'uomo che passò alla storia per essere riuscito a determinare l'area di alcune lunule si chiamava Ippocrate di Chio. Da non confondere con Ippocrate di Kos, suo contemporaneo, che passò invece alla storia per il giuramento ancor oggi prestato dai medici. Un giuramento che iniziava «chiamando a testimoni Apollo medico, Esculapio, Igea, Panacea, e tutti gli dèi e tutte le dee...».

Ciò nonostante, o forse proprio per questo, oggi il medico è molto più famoso del matematico. Anche se nessuno potrebbe più fidarsi delle diagnosi di quest'ultimo, mentre le dimostrazioni del primo rimangono perfettamente corrette. C'era da giurarci, perché così è la vita: tanto più ingrata quanto più si lavora seriamente, e viceversa.

L'unico al di fuori della matematica che, in epoca recente, sembra ricordarsi di Ippocrate di Chio è Alfred Jarry. Nel suo romanzo del 1898 *Gesta e opinioni del dottor Faustroll, patafisico* lo chiama Ibicrate il Geometra, e lo considera l'iniziatore della Patafisica: la surreale scienza delle soluzioni immaginarie, che sta alla metafisica come questa sta alla fisica.

Più seriamente, Ippocrate va ricordato per la sua

geometria. Una materia alla quale si dedicò ad Atene, tra il –450 e il –430, dopo aver fatto bancarotta come commerciante. I pirati avevano infatti trafugato la sua merce, ed egli si era recato in città per fare causa. Il trascinarsi del processo lo costrinse a fermarsi a lungo, ed egli finì con l'incontrare e frequentare filosofi e matematici. Furono loro a trasmettergli la passione per la materia che lo rese famoso.

Forse a causa di questo suo interesse tardivo, Ippocrate fu indotto a compilare una prima versione degli *Elementi*: in greco *Stoicheia*, da *stoichos*, «fila» o «serie». Si trattava, cioè, di un letterale elenco, o enumerazione, della massa di risultati che ormai si erano accumulati nella matematica greca, culminando nei grandi teoremi di Talete e Pitagora.

Il testo di Ippocrate ordinò la materia organicamente, e la ricostruì razionalmente, fornendo una prima versione di quello che poi diventerà il capolavoro di Euclide. In particolare, si pensa che i primi quattro libri di quest'ultimo non siano altro che un rifacimento degli *Elementi* di Ippocrate, oggi purtroppo perduti.

I conti incominciano a quadrare

L'inizio della ricerca di Ippocrate fu una meditazione sul teorema di Pitagora. Questo permetteva di costruire, dati due quadrati, un quadrato pari alla loro somma: dunque, un passo dopo l'altro, si poteva ridurre qualunque numero di quadrati a uno solo. E poiché ogni poligono si poteva facilmente scomporre in triangoli, bastava trovare il modo di ridurre i triangoli a quadrati, per dimostrare che *ogni poligono equivale a un quadrato.*

Che ogni poligono sia scomponibile in triangoli, è effettivamente banale. Il problema, semmai, sarebbe dimostrare che scomposizioni diverse producono alla fine lo stesso risultato. Ma questo era forse pretendere troppo per i Greci: se ne preoccuperanno solo i moderni, David Hilbert in particolare.

Per ridurre i triangoli a quadrati, il primo passo è ridurli dapprima a rettangoli. Questo si può fare facilmente, procedendo come suggerisce la figura sotto: si tagliano le punte dei triangoli a metà dei lati, disponendone una parte da un lato e una dall'altro, in modo da formare dei rettangoli. Questo funziona solo se l'altezza del triangolo cade sulla base, ma c'è sempre un lato per cui la cosa si verifica.

Il secondo e ultimo passo è ridurre i rettangoli a quadrati. Questo è molto meno banale, e per farlo bisogna invocare l'intercessione dei nostri protettori, i Santissimi Talete e Pitagora. Anzitutto, ricordiamo che nella seconda dimostrazione del teorema di Pitagora, quella «parsimoniosa», ci eravamo accorti che l'altezza di un triangolo rettangolo lo divide in due triangolini rettangoli simili.

Proviamo allora a vedere cosa succede, quando l'altezza divide la base in due parti che corrispondono ai lati del rettangolo che vogliamo quadrare.

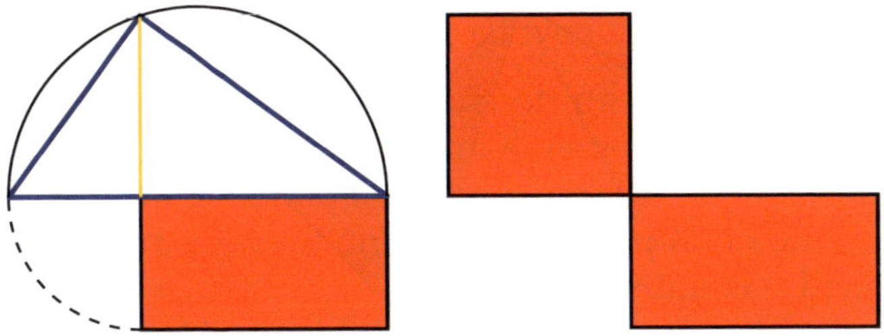

Per il teorema di Talete sui triangoli simili, i lati corrispondenti dei due triangolini devono essere proporzionali fra loro. Questo fa sì che l'altezza sia «media proporzionale» fra le due parti in cui essa divide la base. Detto altrimenti, il quadrato costruito sull'altezza è uguale al rettangolo che ha per lati le due parti in cui essa divide la base: dunque, è esattamente il quadrato che vogliamo!

Rimane solo da capire come si può costruire il triangolo rettangolo che ci serve. La base non è un problema, perché basta riportare il lato corto del rettangolo su quello lungo. Se poi costruiamo un cerchio che abbia la base per diametro, sappiamo dal teorema di Talete sui triangoli inscritti in un semicerchio, che sono tutti rettangoli. Basta allora alzare la perpendicolare fino alla circonferenza, per avere l'altezza.

Ricapitolando, possiamo ripercorrere in senso contrario i passi del ragionamento di Ippocrate, che ovviamente si trova già anche nei *Sulvasutra*.

1. I due teoremi di Talete permettono di dimostrare che ogni rettangolo è quadrabile.
2. Si vede facilmente che ogni triangolo è equivalente a un rettangolo, e dunque a un quadrato.
3. Si vede altrettanto facilmente che ogni poligono si può scomporre in una somma di triangoli, e dunque di quadrati.
4. Il teorema di Pitagora permette di dimostrare che una somma di quadrati è equivalente a un quadrato.
5. Dunque, ogni poligono è quadrabile.

Questa geometria è un puzzle

Una volta dimostrato che ogni poligono è quadrabile, può venire la voglia di imparare a fare la quadratura a mano. Cioè, di riuscire a tagliare il poligono in tanti pezzi che, come in un puzzle, si possano ricomporre a formare un quadrato equivalente.

I primi due passi non danno problemi. Si taglia anzitutto il poligono in triangoli. E poi si procede come si è visto sopra coi triangoli, facendoli diventare rettangoli.

Meno immediato, ma anche più divertente, è dissezionare un rettangolo e ricomporlo in un quadrato. Un modo per farlo è riportare il lato del quadrato, costruito nel modo visto sopra, all'interno del rettangolo. E poi tirare dal vertice opposto una perpendicolare verso di esso. Si ottiene così una decomposizione in tre pezzi, due triangolari e uno quadrilatero.

Questo funziona solo se il rettangolo non è troppo stretto e lungo. Se lo è, si può tagliare in due parti e sovrapporle, in modo da equilibrarlo. E se non basta ancora, si può rifare l'operazione, fino ad arrivare a un rettangolo che permetta di fare la dissezione.

Per finire, bisogna dissezionare i due quadrati costruiti sui cateti di un triangolo rettangolo, e ricomporli nel quadrato costruito sull'ipotenusa. Una bella soluzione fu pubblicata nel 1873 da Henry Perigal. E costituisce, naturalmente, una nuova dimostrazione del teorema di Pitagora, la terza che diamo: per convincere, a forza di prove, anche gli increduli incalliti!

Il trucco può venire in mente guardando la figura a destra in alto a p. 51. Si tratta, cioè, di riportare parallelamente uno dei quadrati costruiti sui cateti al centro di quello costruito sull'ipotenusa. E dissezionare l'altro, tagliandolo in quattro parti (uguali a due a due), mediante una verticale e un'orizzontale passanti per il suo centro.

Abbiamo così dimostrato che *un poligono si può dissezionare e ricomporre in un quadrato con la stessa area, facendo soltanto muovere i pezzi sul piano, senza mai ribaltarne nessuno*. Benché perfettamente alla portata dei Greci, la cosa non fu scoperta che nel 1833, e il suo scopritore si chiamava Farkas Bolyai. In seguito incontreremo suo figlio János tra gli inventori della geometria non euclidea.

Come si conviene il raggio al cerchio

Per andare oltre i poligoni, bisogna ovviamente passare alle figure curvilinee. Anche se non c'è da sperare di poterle ridurre in maniera semplice a un quadrato. Meno che mai, per dissezione in un numero finito di pezzi.

Eppure, Ippocrate si accorse che il gioco non finisce qui: almeno, non immediatamente. E trovò nelle torte l'ingrediente fondamentale per farlo continuare. O meglio, nei cerchi, e nelle loro proprietà. Ne prese due concentrici, uno più piccolo e l'altro più grosso, e immaginò di tagliarli in un certo numero di fette uguali. Ripulì le fette dalla curvatura, facendole diventare dei triangoli isosceli, coi lati uguali ai raggi dei rispettivi cerchi. E paragonò fra loro le dimensioni delle fette.

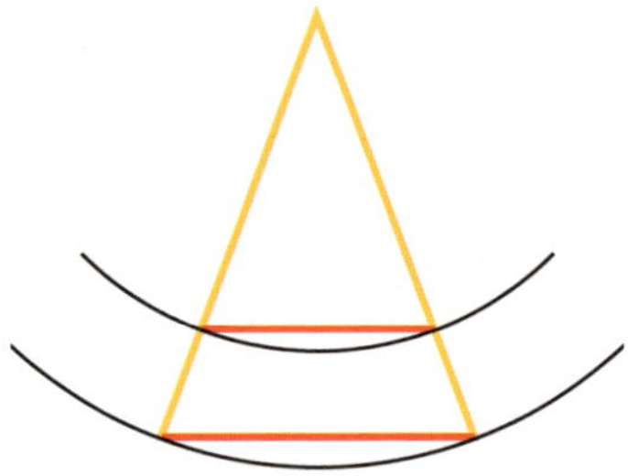

Anzitutto notò che, per il teorema di Talete, le basi sono proporzionali ai lati, e dunque ai raggi dei rispettivi cerchi. Sommando le basi di tutte le fette, si ottengono i perimetri di due poligoni simili, inscritti ciascuno nel rispettivo cerchio. E i due perimetri continuano a essere proporzionali ai raggi, perché si ottengono moltiplicando le basi per il numero di fette, che è lo stesso in entrambi i casi.

Ippocrate dedusse che il perimetro di un poligono regolare inscritto in un cerchio è sempre proporzionale al raggio, qualunque sia il numero di lati del poligono (anche se, naturalmente, con proporzionalità diverse). Tagliando il cerchio in un numero sempre maggiore di fette, si ottengono poligoni con sempre più lati, che si avvicinano sempre più al cerchio. E poiché il loro perimetro è sempre proporzionale al raggio, così dev'essere anche per la circonferenza del cerchio.

Si scopre in questo modo un teorema che oggi impariamo alle elementari, naturalmente senza dimostrazione: *la circonferenza di un cerchio è proporzionale al raggio*. O, se si preferisce, al diametro, che è il doppio del raggio. Infatti, se la circonferenza è proporzionale al raggio, sarà anche proporzionale a metà del diametro. Viceversa, se è proporzionale al diametro, sarà anche proporzionale al doppio del raggio.

Ippocrate notò poi che, sempre per il teorema di Talete, anche le altezze delle fette sono proporzionali ai lati, e dunque ai raggi. Sommando le aree di tutte le fette, si ottengono le aree dei due poligoni inscritti nei rispettivi cerchi. E questa volta le due aree sono proporzionali ai *quadrati* dei raggi. Facendo infatti «base per altezza diviso due», si moltiplicano due grandezze che sono entrambe proporzionali al raggio, ottenendo qualcosa che è proporzionale al suo quadrato. E l'area di ciascuna fetta va moltiplicata per il numero di fette, che è di nuovo lo stesso in entrambi i casi.

Ippocrate dedusse, ancora una volta, che l'area di un poligono regolare inscritto in un cerchio è sempre proporzionale al quadrato del raggio, qualunque sia il numero di lati del poligono. E scoprì un altro teorema che oggi impariamo alle elementari: *l'area di un cerchio è proporzionale al quadrato del raggio*. O, se si preferisce, al quadrato del diametro.

Naturalmente, anche l'area di un semicerchio è proporzionale al quadrato del diametro. E da questo Ippocrate ricavò, per il teorema di Pitagora, che *in un triangolo rettangolo, il semicerchio costruito sull'ipotenusa è uguale alla somma dei semicerchi costruiti sui cateti*. Ad esempio lo è nel caso, illustrato nella figura, di un triangolo rettangolo isoscele:

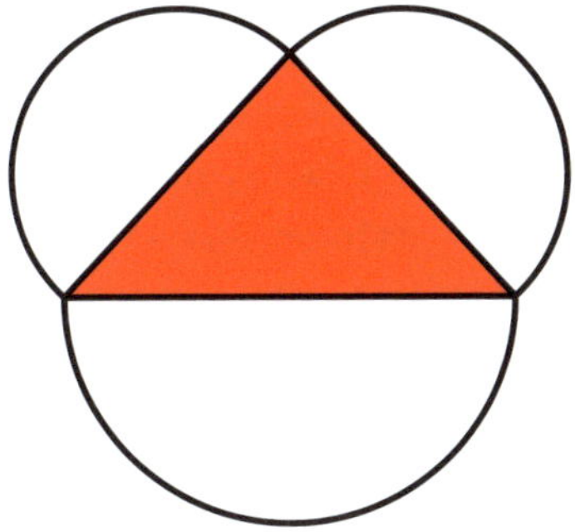

In questo mondo, il quadro è tondo

Una volta disegnata la figura precedente, a Ippocrate venne il lampo di genio di raddoppiarla. Miracolosamente, si formò dinanzi ai suoi occhi una figura che si può vedere in due modi, a seconda che si concentri l'attenzione sul cerchio grande o sul quadrato.

Nel primo caso si ha un cerchio grande, più quattro lunule. Nel secondo quattro semicerchi piccoli, più un quadrato. E il teorema di Pitagora, che abbiamo appena generalizzato ai semicerchi, ci dice che un semicerchio grande è uguale a due semicerchi piccoli: dunque, che un cerchio grande è uguale a quattro semicerchi piccoli. Quello che rimane sono quattro lunule da una parte, e un quadrato dall'altra.

Ippocrate si accorse così che *la figura curvilinea formata dalle quattro lunule è quadrabile*. Più precisamente, le quattro lunule hanno la stessa area del quadrato. E ciascuna è uguale a un quarto del quadrato: cioè, a un triangolo rettangolo isoscele.

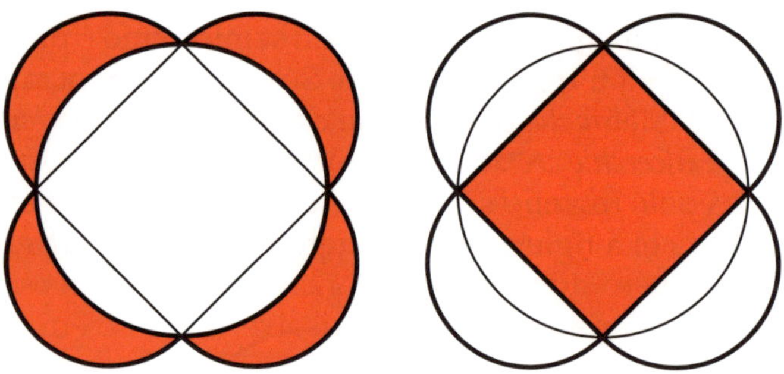

A questo punto il gioco della quadratura acquista un sapore nuovo, perché è stato esteso a figure curvilinee. E la prima cosa che viene in mente, subito dopo aver quadrato le lunule costruite sui lati di un quadrato, è di provare a fare la stessa cosa con quelle costruite sui lati di un esagono. Perché, in tal caso, il diametro del cerchio circoscritto è uguale al doppio del lato.

Di nuovo si ottiene una figura che si può vedere in due modi, a seconda che si concentri l'attenzione sul cerchio grande o sull'esagono. Nel primo caso, si ha un cerchio grande più sei lunule. Nel secondo, sei semicerchi piccoli, più un esagono. Ora, il teorema dimostrato da Ippocrate sul rapporto fra area e diametro ci dice che il cerchio grande è uguale a quattro cerchi piccoli, perché il suo diametro è il doppio del loro. Sottraendo, quello che rimane sono sei lunule più un cerchio piccolo da una parte, e un esagono dall'altra.

Questa volta, Ippocrate si accorse dunque che *se la figura curvilinea formata dalle sei lunule fosse quadrabile, lo sarebbe anche il cerchio*. A differenza del precedente, questo risultato è solo ipotetico. Ma i Greci pensarono che, se erano quadrabili le lunule su un quadrato, non si vedeva perché non avrebbero dovuto esserlo anche quelle su un esagono. E si lanciarono a cercare di risolvere il problema, che divenne noto come *quadratura del cerchio*.

Tentando di risolverlo, Ippocrate riuscì a quadrare altri due tipi di lunule, oltre a quelle costruite sui quadrati. A sua volta, nel 1771 Leonhard Euler ne quadrò altri due. E nel 1934 e 1947, rispettivamente, Nikolai Chebotarëv e Arkadiy Dorodnov dimostrarono che questi cinque tipi di lunule sono gli unici quadrabili. In particolare, non lo è la lunula costruita sull'esagono regolare.

Il che non ha impedito, ovviamente, di usarla quando

faceva comodo. Ad esempio, nei rosoni delle cattedrali gotiche, che in genere sono divisi in dodici spicchi: raggruppandoli a gruppi di due o tre, si ottengono facilmente le due lunule considerate da Ippocrate. Uno specialista di queste cose fu Villard de Honnecourt, un architetto francese di inizio Duecento, che disegnò entrambe le lunule in un singolare *Libro di ritrattistica* o *Album*.

Il rosone centrale della cattedrale di Losanna progettato da Villard de Honnecourt. E il foglio 42 del suo *Libro di ritrattistica* o *Album*.

Si finisce in commedia

Lunule o non lunule, i matematici greci provarono in tutti i modi a quadrare il cerchio, e trovarono alcune soluzioni complicate. Nessuna, però, che permettesse di costruire il lato di un quadrato pari a un cerchio soltanto tirando funi, o facendole girare, come tutto ciò che abbiamo fatto finora.

L'accanimento su questo problema divenne così proverbiale che Aristofane lo mise in scena nel –414. Nella commedia *Gli uccelli* rappresentò l'astronomo Metone che, per «quadrare il cerchio», lo divide semplicemente in quattro quadranti. Naturalmente, stava giocando sull'equivoco del termine *tetragono*, «quadrangolo», che in greco indicava sì il quadrato, ma significava letteralmente «poligono a quattro angoli».

In seguito, ad affrontare il problema ci provarono in molti. Anche, e soprattutto, coloro che avevano la presunzione caratteriale di risolverlo, ma non i mezzi intellettuali per capirlo. Il teologo Nicola Cusano, ad esempio, che nel Quattrocento propose ben quattordici dimostrazioni diverse: tutte sbagliate, ovviamente.

O il filosofo Thomas Hobbes, che nel Seicento si rese ridicolo per la sua ottusità. Nel 1655 si illuse di aver quadrato il cerchio, e pubblicò la «dimostrazione» nel *De corpore*. Nel 1661 credette di aver raddoppiato il cubo, e annunciò la notizia nel *Dialogo fisico*. Naturalmente, aveva solo raddoppiato l'errore, e il matematico John Wallis e il fisico Robert Boyle lo misero alla berlina, in una disputa che durò parecchi anni e produsse un rimpallo di molti inutili libri.

Come già per la duplicazione del cubo, anche il problema della quadratura del cerchio rimase uno dei grandi misteri della matematica per millenni. Fu finalmente risolto nel 1882 da Ferdinand Lindemann, usando l'analisi. E, ancora una volta, la soluzione è che la soluzione non c'è!

In altre parole, non è che i Greci non furono bravi abbastanza da scovare un modo di tirare e girare funi, fino a trovare il lato di un quadrato pari a un cerchio dato. È che non c'è proprio nessun modo di farlo. Mettiamoci allora il cuore in pace. E, soprattutto, se lo mettano i dilettanti, che continuano imperterriti a cercare di risolvere il problema, anche dopo che i professionisti hanno dimostrato che è irresolubile.

VI

Siete sempre i solidi

Teeteto e Platone

Il 24 giugno 1717 fu fondata a Londra la Gran Loggia della Massoneria, che unificò varie logge più antiche e le affrancò dalla loro originaria natura di libere associazioni di muratori. Ne mantenne però il nome, che deriva dal francese *franc maçon*, «franco muratore», e risuona tuttora nell'italiano *framassone*. L'inglese *freemason* traduce invece *frère maçon*, «fratello muratore», che sottolinea la natura di mutuo soccorso dell'associazione.

Delle origini della massoneria rimane ancor oggi una testimonianza nella struttura a tre livelli, mutuata dall'organizzazione dei lavoratori nel cantiere: apprendisti, muratori e capomastri. Ma, per affrancarsi dai suoi prosaici inizi, essa si è inventata un *pedigree* fasullo che la fa risalire all'edificazione del Tempio di Salomone e al suo direttore dei lavori Hiram. O, prima ancora, alla fondazione dell'Egitto da parte del dio-architetto Ptah. O, perché no, alla creazione dell'universo stesso da parte del Creatore, nelle vesti di Grande Architetto e Grande Maestro.

Queste fantasie sono degne di un Dan Brown, che infatti ha dedicato alla massoneria *Il simbolo perduto*, quinto dei suoi polpettoni. Il titolo fa riferimento al fatto che, oltre a rituali e costumi più o meno carnevaleschi, i massoni amano pasticciare con un variegato complesso di simboli, molti dei quali ricordano il lavoro del muratore e del geometra: ad esempio, la cazzuola, il filo a piombo, la livella e il regolo.

Dio creatore dell'universo, miniatura dalla *Bible moralisée*, XIII secolo.
William Blake, *Ancient of days*, 1794.

Ma, soprattutto, la squadra e il compasso, che costituiscono il vero stemma della massoneria, uniti a una grande «G». Quest'ultima allude al Grande Geometra, o alla Geometria stessa. La squadra, a sua volta, indica la rettitudine e simboleggia la morale, che tende appunto a rettificare le azioni. Il compasso, invece, la circoscrizione dei desideri e delle passioni a cui tende la spiritualità.

Ingresso riservato ai massoni

La massoneria non è, naturalmente, l'unica associazione più o meno segreta che abbia avuto un gusto, o un'ossessione, per la simbologia geometrica. Il primo altro esempio che viene in mente è il Club dei Pitagorici, con il suo insegnamento esoterico e il suo logo a stella pentagonale. Ma ancora più pertinente è l'Accademia platonica, fondata nel parco dedicato all'eroe Academo, dal quale essa prese il nome.

Che fosse un'associazione semisegreta, o almeno dedita ad «affari riservati», è testimoniato dallo stesso Platone. In un famoso brano della sua *Settima lettera*, egli dichiara infatti che sugli insegnamenti importanti «non c'è un mio scritto, né mai ci sarà». Di certe cose, cioè, è meglio parlare solo a voce. Anche perché gli scritti rischiano di essere fraintesi, eccetto che «dai pochi ai quali bastano poche parole per capire».

Platone e Aristotele in un particolare
della *Scuola di Atene* di Raffaello Sanzio, 1508-11.

Quanto ai simboli, *La scuola di Atene* di Raffaello riprende e illustra un'antica tradizione, secondo la quale sulla porta dell'Accademia stava l'insegna: «Non entri chi non sa la geometria». E nelle *Questioni conviviali* Plutarco ci dice che il suo motto era: «Dio geometrizza sempre». Volendo riassumere tutto in una sola lettera, questa sarebbe appunto la «G» del simbolo massonico.

A tirare in ballo le altre due sue componenti è sempre lo stesso Platone. Nel *Filebo* suggerisce ai geometri di usare solo *riga e compasso*, nel disegnare figure. E il motivo è che con la riga si tracciano segmenti di rette, e col compasso archi di cerchi: cioè, pezzi delle uniche figure che siano perfettamente simmetriche, in ogni loro parte. Nelle parole del maestro:

> La bellezza della forma non è, come la gente normalmente crede, quella degli esseri viventi e dei dipinti che li raffigurano. Bensì, quella rettilinea e circolare delle figure, piane e solide, che si ottengono mediante compasso, riga e squadra. Perché queste cose sono belle non, come le precedenti, in maniera relativa, ma in se stesse e per la loro propria natura.

Naturalmente, riga e compasso sono anche gli strumenti più naturali che vengano in mente. Si tratta infatti delle «corde tese e fatte girare» che abbiamo usato finora, e che erano tutto ciò che avevano a disposizione i primi geometri. Più che di una restrizione, per loro si trattava dunque di una necessità: si usavano la riga e il compasso, perché altro non c'era.

In seguito, però, lo sviluppo tecnologico mise a disposizione dei matematici strumenti via via più sofisticati. Da una parte, questi suscitarono la reazione dei conservatori, che sono sempre contrari alle novità di qualunque genere. Dall'altra parte, stimolarono la curiosità dei progressisti, che si domandarono fino a che punto se ne potesse evitare l'uso: un po' come provare a vedere cosa si può fare, o fin dove si arriva, con mani e piedi legati.

Nacque così lo studio delle costruzioni realizzabili con riga e compasso, che la tradizione fa risalire appunto alle direttive di Platone. Solo di queste costruzioni trattano gli *Elementi* di Euclide, ai quali arriveremo nel prossimo capitolo. E solo questi strumenti si usano nel disegno geometrico, il cui nome restringe appunto la geometria al loro uso.

Quella sporca dozzina

La parte della matematica che Platone e i suoi Accademici preferirono, o almeno una delle loro preferite, fu lo studio dei solidi regolari. Finora ne abbiamo incontrati tre, già noti agli Egizi: il tetraedro, il cubo e l'ottaedro. Ma ce ne sono almeno altri due, già noti ai Pitagorici.

Il primo è inaspettato. Anzi, così inaspettato, che i suoi scopritori greci avevano deciso di tenerselo tutto per sé. Le cose però andarono diversamente, come racconta Giamblico nella *Vita di Pitagora*:

> Ippaso di Metaponto faceva parte dei Pitagorici. Poiché aveva divulgato per primo la sfera formata da dodici pentagoni, era annegato in mare per la sua empietà. Ma gli era rimasta la fama che fosse stato lui a scoprire tale sfera, mentre tutte le loro scoperte sono dovute «all'uomo». Così infatti chiamavano Pitagora, senza mai nominarlo.

Da questo resoconto, veniamo a sapere che i Pitagorici avevano messo a buon frutto la loro conoscenza del pentagono regolare. Cioè, si erano accorti che se ne possono combinare dodici insieme, in modo da formare un solido regolare inscritto in una sfera. E ovviamente battezzarono questo solido *dodecaedro*, «dodici facce» (da *dodeka*, «dodici», e *hedra*, «faccia»).

È possibile, però, che avessero ricevuto un suggerimento dalla Natura. Nella Magna Grecia si trovano infatti, abbastanza comunemente, dei cristalli di pirite aventi la for-

Il piritoedro. E i cinque solidi regolari risalenti al Neolitico.

ma di un *piritoedro*, a facce pentagonali quasi regolari: cioè, con solo quattro dei cinque lati uguali. Un indizio di un suo possibile legame con la scoperta del dodecaedro sta nel fatto che il nome della pirite deriva da *pyr*, «fuoco», e che nella *Metafisica* Aristotele dice che Ippaso considerava il fuoco come elemento primordiale.

In ogni caso, qualcuno aveva già pensato al dodecaedro nel Neolitico, molto prima dei Pitagorici. Lo dimostra il ritrovamento, in una grotta scozzese, di centinaia di pietre sferiche lavorate risalenti a circa il –2000, e aventi le forme dei cinque solidi regolari di cui stiamo parlando. Esse dimostrano che non bisognerebbe assegnare agli Egizi, agli Indiani e ai Greci il monopolio delle scoperte geometriche, né la loro primogenitura.

Sia come sia, il docaedro è sicuramente più complicato da costruire degli altri tre solidi regolari, e per questo se ne vedono molti meno esempi in architettura. Per trovarne, non serve aggirarsi lungo il Nilo o tra i templi della Grecia.

È meglio essere invitati a *L'ultima cena* da Salvador Dalí. Entrando in questo quadro del 1955, ci si accorge di essere appunto in una stanza dodecaedrica a vetri, ognuna del-

Salvador Dalí, *L'ultima cena*, 1955.

le cui facce simboleggia ovviamente uno degli Apostoli. Teniamo d'occhio il capotavola, perché lo reincontreremo in un sequel geometrico sul dopocena, sempre dipinto da Dalí: il *Corpus Hypercubicus*, del 1954.

Già nel 1561 Nicolas Neufchatel aveva usato un dodecaedro nel *Ritratto di Johannes Neudorfer e suo figlio*. E prima ancora, nel 1527, questo solido aveva ispirato al Parmigianino un dettaglio del *Diogene*, rappresentato con i tre simboli che lo contraddistinguono. La botte dentro la quale viveva, in cinico disdegno per le abitudini civili. La lanterna con la quale si aggirava, sostenendo di «cercare l'uomo». E il pollo spennato che mandò a Platone, per prendere in giro la sua definizione dell'uomo come «bipede implume».

Secondo un aneddoto, Platone avrebbe descritto Diogene come «un Socrate uscito di testa». Ma il Parmigianino evidentemente non era d'accordo, visto che lo rappresentò intento a studiare qualche libro di geometria. E a puntare col bastone su un dodecaedro: disegnato alla maniera di Leonardo, come vedremo.

Diogene, incisione di Giangiacomo Caraglio su invenzione del Parmigianino e particolare con dodecaedro.

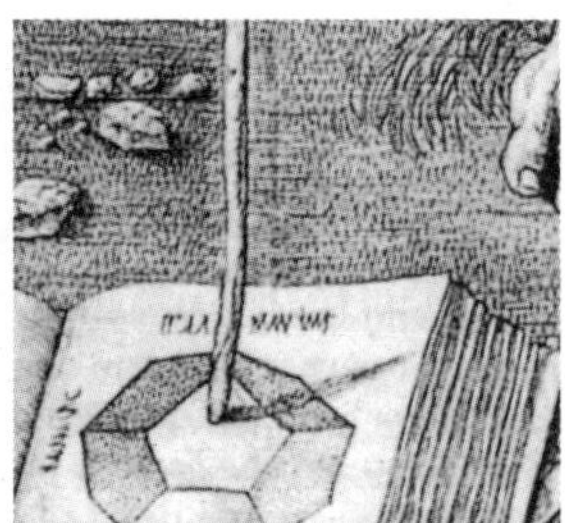

I Pitagorici, ma anche i Neolitici, si accorsero presto che la storia dei solidi regolari non finiva con il dodecaedro. Il modo più semplice per capire che doveva continuare era meditare sui quattro solidi già conosciuti.

Si può anzitutto notare che il cubo ha sei facce e otto vertici, e in ciascun vertice si incontrano tre facce quadrate. L'ottaedro ha invece otto facce e sei vertici, e in ciascun vertice si incontrano quattro facce triangolari.

Nessuno dei due è dunque equilibrato di per sé, ma i loro squilibri sono simmetrici, nel senso che quello dell'uno si riflette in quello dell'altro. Basta infatti mettere una faccia al posto di ciascun vertice del cubo, e un vertice al posto di ciascuna faccia, per ottenere un ottaedro, e viceversa. Scopriamo così che cubo e ottaedro sono *duali*, cioè «appaiati».

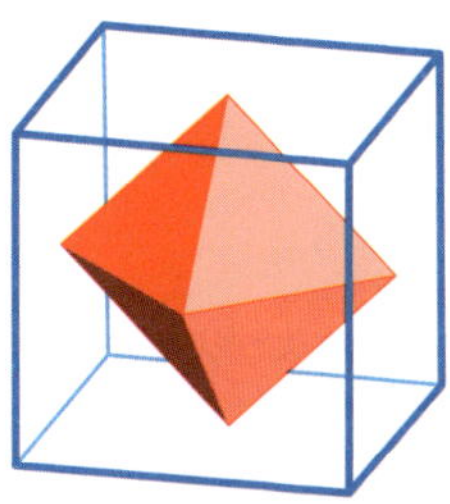

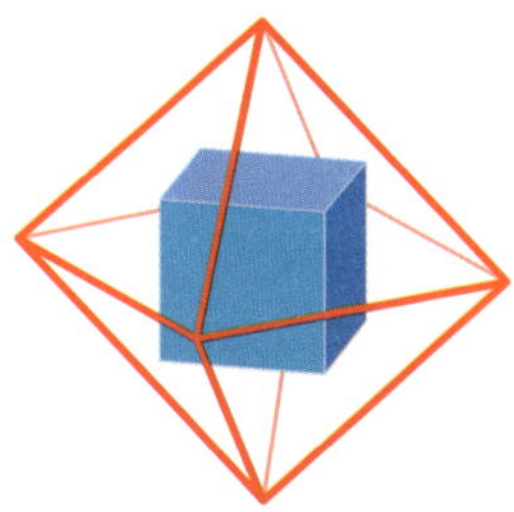

Facendo lo stesso gioco con il tetraedro, invece, non si va da nessuna parte: ci sono quattro facce e quattro vertici, e in ciascun vertice si incontrano tre facce triangolari. Dunque, scambiare le facce con i vertici di un tetraedro produce di nuovo un tetraedro. Scopriamo così che esso è *autoduale*, «appaiato a se stesso».

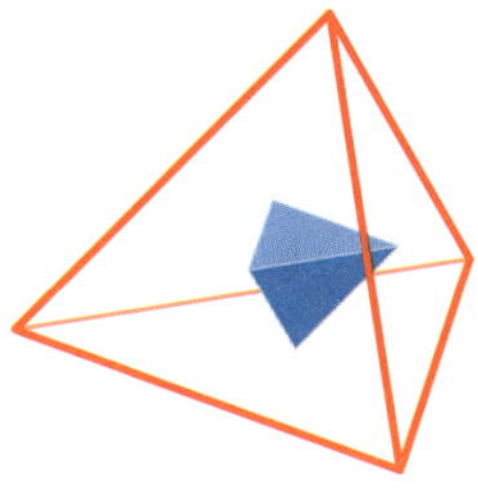

Se ora guardiamo il dodecaedro, ci accorgiamo che ha dodici facce pentagonali e venti vertici, e in ogni vertice si incontrano tre facce pentagonali. Facendo il gioco di scambiare fra loro facce e vertici, si ottiene un solido duale che ha venti facce triangolari e dodici vertici, e in ogni vertice si incontrano cinque facce triangolari. Ovviamente i Pitagorici lo chiamarono *icosaedro*, «venti facce» (da *éikosi*, «venti»).

La dualità tra dodecaedro e icosaedro permette di prevedere che essi abbiano proprietà simili. Ad esempio, poiché il dodecaedro è ovviamente legato alla proporzione aurea, tramite i pentagoni delle sue facce, dovrebbe esserlo anche l'icosaedro.

La prova più drammatica di questo legame fu mostrata nel 1509 da Luca Pacioli, nel suo trattato *La divina proporzione*: basta intersecare simmetricamente fra loro tre rettangoli aurei, nelle tre direzioni spaziali, perché i loro dodici vertici si dispongano automaticamente, e quasi miracolosamente, a formare un icosaedro!

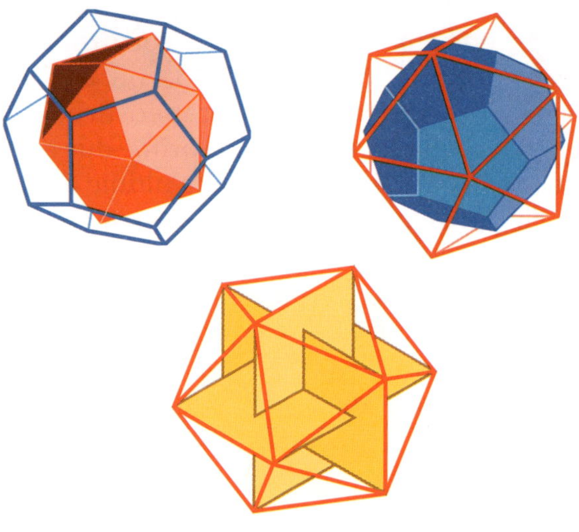

Un icosaedro d'artista è la *Scatola di latta per biscotti* illustrata che Escher fece nel 1963, per il settantacinquesimo anniversario dell'azienda Verenigde Blikfabrieken, «Compagnie Unite della Latta».

Maurits Cornelis Escher,
Scatola di latta per biscotti, 1963.

Cinquina!

Abbiamo finora trovato cinque solidi regolari, divisi in tre famiglie rispetto alla dualità che intercorre tra essi: una formata dal solo tetraedro, una da cubo e ottaedro, e una da dodecaedro e icosaedro. Le loro caratteristiche sono ricapitolate nella tabella seguente: nelle prime due colonne, i numeri delle facce e dei vertici, e nelle ultime due, quelli dei lati nelle facce e nei vertici.

	F	V	L_F	L_V
tetraedro	4	4	3	3
cubo	6	8	4	3
ottaedro	8	6	3	4
dodecaedro	12	20	5	3
icosaedro	20	12	3	5

Possiamo dunque aspettarci che, se altri eventuali solidi regolari andranno ad allungare la lista, saranno o autoduali, o duali di qualche altro solido. Il che è già qualcosa, ma non ci dice nulla su quanto effettivamente questa lista sia lunga.

Anzi, sulla base dell'esperienza dei poligoni regolari, potremmo immaginare che di solidi regolari ce ne siano infiniti, e che quella sopra non sia che l'inizio di una storia senza fine.

Invece la storia un finale ce l'ha, e fu proprio un matematico dell'Accademia platonica a raccontarlo. Il suo nome è noto a tutti i liceali, ma per i motivi sbagliati: Platone gli dedicò infatti un famoso dialogo omonimo, il *Teeteto*. Un dialogo un po' necrofilo, che si apre con il maturo Teeteto, moribondo per la dissenteria e le ferite contratte nella battaglia tra Ateniesi e Tebani del –369. E continua evocando l'incontro del giovane Teeteto con Socrate, che era ormai un *dead man walking*, «morto che cammina»: in altre parole, era già imputato nel processo del –399, che l'avrebbe presto condannato a morte.

Nel dialogo appare anche un altro matematico, Teodoro di Cirene, che sembra essere stato il maestro di matematica di Platone. E naturalmente si parla (anche) di matematica, ma non di quella che ci interessa ora. Che è il risultato che giustamente si ricorda come il *teorema di Teeteto*, e dimostra che *non ci possono essere più di cinque solidi regolari*.

La dimostrazione, ancora una volta, è semplice e geniale. Si nota, anzitutto, che almeno tre facce devono convergere in un vertice, altrimenti il solido non si chiuderebbe. Inoltre, la somma degli angoli che convergono in un vertice dev'essere inferiore a un angolo giro, altrimenti il solido si appiattirebbe.

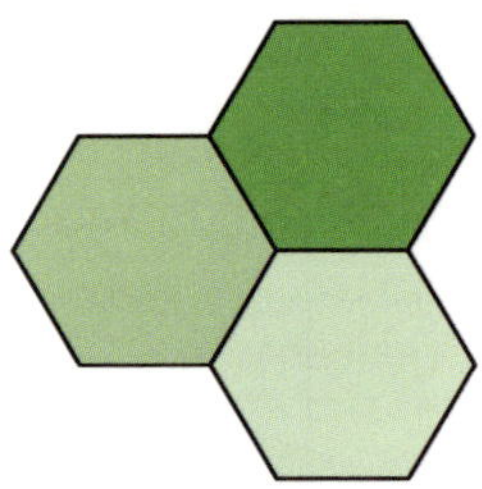

Ora, ogni angolo dell'esagono regolare è uguale a *un terzo* di un angolo giro, e dunque questo poligono non si può usare per formare un solido regolare. I poligoni regolari con ancora più lati, poi, hanno angoli ancora maggiori, e dunque nemmeno loro si possono usare. E questo spiega già perché, nei cinque solidi trovati finora, le facce siano triangolari, quadrate o pentagonali.

Per spiegare perché queste facce non possano essere combinate che in cinque modi, bisogna dire qualcosa di più:

- I triangoli regolari hanno angoli pari a *un sesto* di angolo giro. Dunque, se ne possono mettere insieme tre, quattro o cinque, ma non sei. E ci possono essere solo tre solidi regolari a facce triangolari, a seconda che esse si incontrino nei vertici a tre, quattro o cinque per volta. Questo spiega l'esistenza del tetraedro, dell'ottaedro e dell'icosaedro.

- I quadrati hanno angoli pari a *un quarto* di angolo giro. Dunque, se ne possono mettere insieme tre, ma non quattro. Questo spiega l'esistenza del cubo.

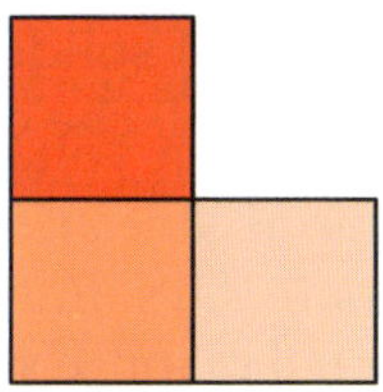

- I pentagoni regolari hanno angoli compresi *fra un quarto e un terzo* di angolo giro. Dunque, di nuovo se ne possono mettere insieme tre, ma non quattro. Questo spiega l'esistenza del dodecaedro, e chiude l'argomento.

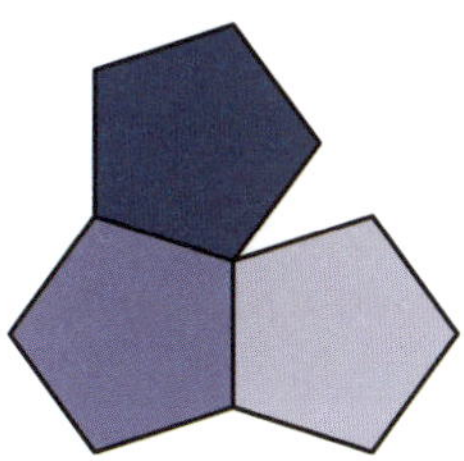

Un volume che per l'universo si squaderna

L'argomento precedente «spiega» il fatto che ci siano solo cinque solidi regolari, ma non li «dispiega». In altre parole, è un *teorema di unicità*, che ci fa capire perché solo cinque solidi sono possibili, ma non un *teorema di esistenza*, che ci convinca che esistono effettivamente tutti e cinque.

I primi tre solidi, in realtà, sono così semplici che non c'è bisogno di convincere nessuno che esistono. Ad esempio, sappiamo tutti come costruire un cubo. E i costruttori di piramidi sapevano benissimo costruire metà ottaedro, appunto, e se avessero voluto avrebbero facilmente saputo costruire un tetraedro.

Per gli ultimi due solidi, invece, la cosa è un po' più delicata. È facile incastrare fra loro tre rettangoli aurei, ad esempio tre carte di credito, nella maniera indicata da Luca Pacioli, ma bisogna credere che effettivamente quello che si ottiene è un icosaedro. Quanto al pentagono, abbiamo ancora meno idea di come mettere insieme dodici pentagoni, anche se li sapessimo costruire.

C'è però un modo molto semplice per dimostrare l'esistenza di tutti e cinque i solidi regolari: mostrare come appaiono quando li si taglia nella maniera appropriata, in modo da dispiegarli sul piano. Una volta ottenuto il dispiegamento, basterà ripiegarlo al contrario per costruire il solido.

Si tratta, cioè, di passare dal solido «implicito» nello spazio a quello «esplicito» sul piano, e viceversa, nel senso etimologico dei termini. Infatti, *implicitum* significa appunto «ripiegato» (da *in*, «dentro», e *plicare*, «piegare»). Analogamente, *explicitum* significa «dispiegato» (da *ex*, «fuori»).

Ecco, ad esempio, i dispiegamenti dell'icosaedro e del cubo:

Per ottenere un dodecaedro si procede invece così. Basta prendere un pentagono, attaccarne altri cinque ai suoi lati, e chiudere il tutto a formare una «scodella» che ha per bordo un decagono frastagliato. Poi si duplica la «scodella» e la si incolla all'altra, in modo da far coincidere i bordi.

Un'esecuzione d'autore di tutti questi dispiegamenti, e di molti altri, sono i *Caleidocicli* di Escher: dei letterali «anelli dalla bella forma» (da *kalos*, «bello», *eidos*, «forma», e *kylos*, «anelli»), che si possono ritagliare e ripiegare in modo da formare non soltanto i cinque solidi regolari, ma anche varie altre figure geometriche, tutte illustrate a colori da Escher.

I cinque solidi regolari, illustrati da Escher nei *Caleidocicli*.

Pochi ma buoni

Nel già citato affresco di Raffaello, *La scuola di Atene*, Platone tiene in mano una copia del *Timeo*. Quest'opera, forse l'ultima del filosofo, fu sicuramente la sua più influente, almeno fino al Rinascimento. E invece di essere uno dei suoi soliti dialoghi filosofici, è praticamente un trattato cosmologico, in cui vengono esposte idee di ovvia ispirazione pitagorica.

È qui che si enuncia per la prima volta la teoria che i costituenti fondamentali della materia hanno una struttura geometrica. Più precisamente, Platone associa il tetraedro al fuoco (ricordiamo che «piramide» deriva appunto da *pyr*, «fuoco»), il cubo alla terra, l'ottaedro all'aria e l'icosaedro all'acqua.

E dice esplicitamente che «è ammissibile che l'acqua diventi, per scomposizione, un corpo di fuoco e due d'aria». Fu Werner Heisenberg, uno dei padri della meccanica quantistica, ad attirare in *Fisica e filosofia* l'attenzione su questo passo. Esso si può infatti considerare come una prefigurazione del processo di sintesi dell'acqua (H_2O), a partire da due atomi di idrogeno (H) e uno di ossigeno (O). E l'intuizione geometrica è che, scomponendo due ottaedri (aria) e un tetraedro (fuoco), si ottengono 8 + 8 + 4 = 20 facce triangolari, che si possono ricomporre in un icosaedro (acqua).

L'idea fondamentale di Platone, che le molecole si possono combinare e scombinare fra loro in due processi complementari di sintesi e analisi, governati da precise leggi matematiche, è ovviamente diventata il manifesto della chimica moderna. Ma la struttura geometrica delle molecole è risultata essere ben più complessa dei solidi regolari.

Semmai, oggi la *stereochimica* (da *stereos*, «solido») si domanda il contrario: se esistano in natura, o si possano costruire in laboratorio, molecole che abbiano la semplice struttura di quei solidi. Il primo passo verso la soluzione del problema fu compiuto nel 1931 da Linus Pauling, che usò la neonata meccanica quantistica per mostrare come il carbonio disponga automaticamente i suoi quattro legami in maniera tetraedrica.

Ad esempio, nel *metano* (CH_4) i quattro atomi di idrogeno stanno esattamente ai vertici di un tetraedro, con l'atomo di carbonio al centro. Un esempio non organico di tetraedro è invece l'esplosivo *fosforo bianco* (P_4), che ha semplicemente i quattro atomi di fosforo nei vertici. E un esempio di ottaedro è l'*esafluoruro di zolfo* (SF_6), un gas serra la cui molecola ha sei atomi di fluoro ai vertici, e un atomo di zolfo al centro.

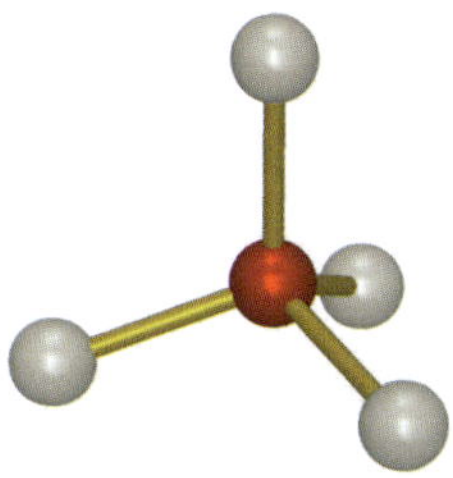

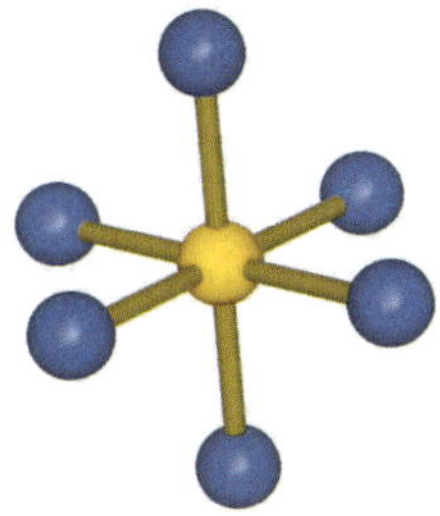

Negli idrocarburi si trovano varie altre molecole a solido regolare. Ad esempio, nel *tetraedrano* (C_4H_4), nel *cubano* (C_8H_8) e nel *dodecaedrano* ($C_{20}H_{20}$) gli atomi di carbonio sono disposti ai vertici dei rispettivi solidi, con un atomo di idrogeno penzolante da ciascuno. Non esistono invece analoghi ottaedrani o icosaedrani, per motivi strutturali.

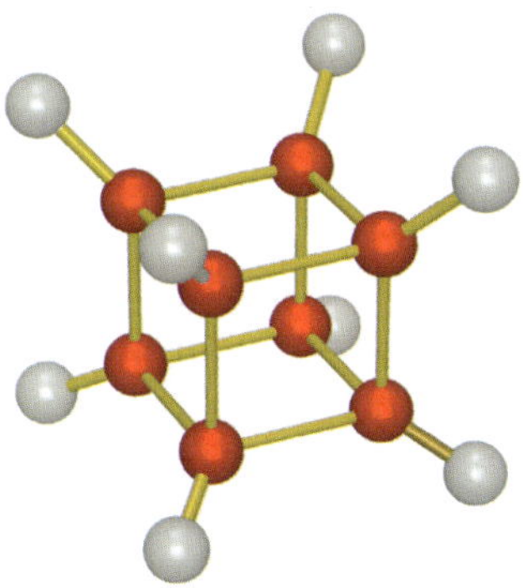

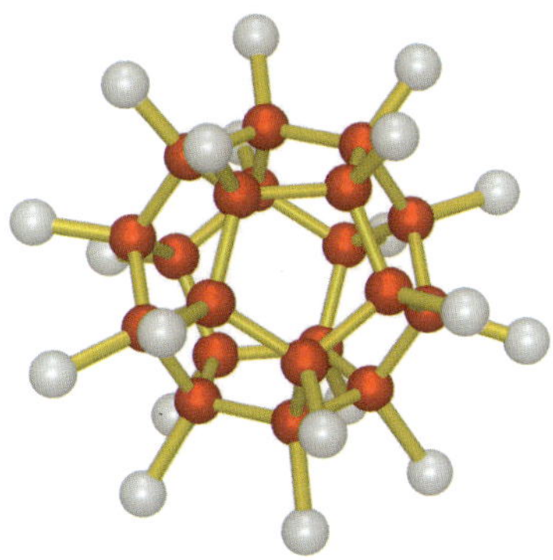

Per ora, il tetraedrano non è ancora stato sintetizzato. Ma il cubano è stato ottenuto nel 1964 da Philip Eaton, e il dodecaedrano nel 1982 da Leo Paquette. Spogliando quest'ultimo dell'idrogeno, nel 2000 Horst Prinzbach ha ottenuto un dodecaedro di carbonio (C_{20}), che costituisce il più piccolo esempio dei *fullereni*, sui quali torneremo. Mettendoci dentro un singolo atomo di elio, si è poi ottenuto il più piccolo esempio di pallone a gas, utile per il trasporto aereo dei lillipuziani.

Passando dalle singole molecole ai composti, la *cristallografia* esibisce disposizioni tetraedriche, cubiche o ottaedriche nei cristalli. Come vedremo in seguito, essi non possono invece possedere simmetrie pentagonali, come quelle del dodecaedro e dell'icosaedro. Questo è il motivo per cui la *pirite* si cristallizza in cubi o ottaedri regolari, ma in dodecaedri irregolari, come il pirometro.

I *diamanti* forniscono esempi di tutte e tre le disposizioni cristallografiche regolari possibili, benché la loro forma sia quasi sempre ottaedrica, a volte cubica, e quasi mai tetraedrica. Il *sale da cucina* (NaCl), invece, esibisce una doppia struttura cubica, una per gli ioni sodio e l'altra per gli ioni cloro, incastrate fra loro con una coordinazione ottaedrica.

Andando oltre la chimica, si arriva alla *biologia*. Sono stati Francis Crick e James Watson a intuire, nel 1956, che la struttura dei *virus* è costituita da tasselli, chiamati capsomeri, che si uniscono a formare eliche o icosaedri. Il più semplice esempio di questi ultimi è il *batteriofago* ϕ*X 174*, le cui facce sono costituite da tre tasselli ciascuna, per un totale di 60.

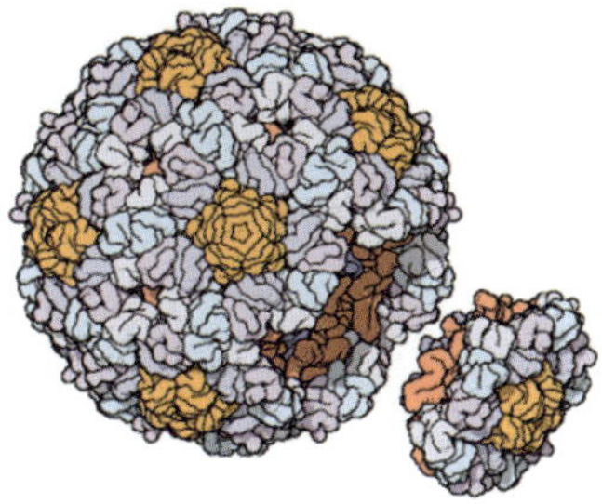

Fin dal 1862, invece, Ernst Haeckel aveva pubblicato un libro su *I radiolari*, microscopici protozoi presenti nel plancton marino. Tra le loro innumerevoli e artistiche forme ci sono anche i solidi regolari, ovviamente, che sono responsabili di alcuni dei loro nomi.

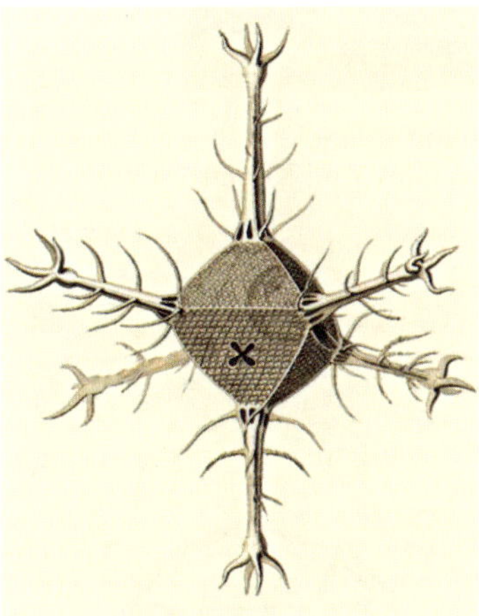

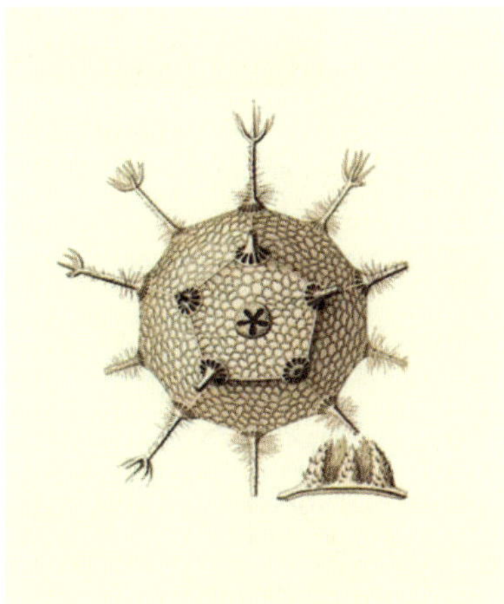

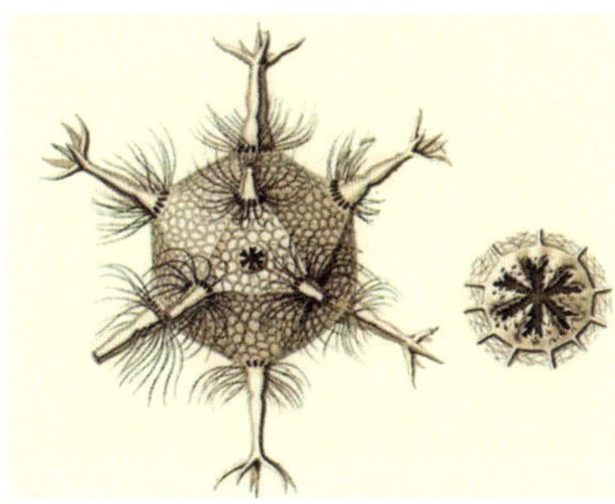

Radiolari a forma di solido regolare disegnati da Ernst Haeckel: *Circoporus octahedrus*, *Circorrhegma dodecahedra* e *Circogonia icosahedra*.

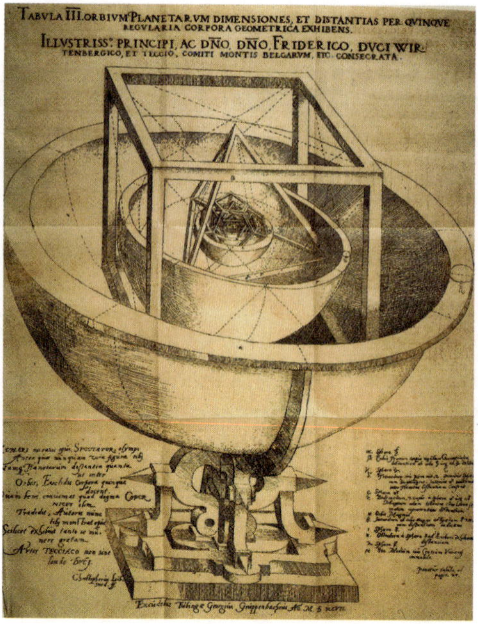

Modello del sistema solare
dal *Mysterium cosmographicum* di Giovanni Keplero, 1596.

Leonardo da Vinci, *Dodecaedro pieno* e *Dodecaedro vacuo*,
incisioni per *La divina proporzione* di Luca Pacioli, 1509.

Per andare, infine, oltre la Terra, nel 1596 Keplero credette di aver individuato, nel *Mistero cosmografico*, la chiave del Sistema Solare nelle proporzioni dei solidi regolari, incastrati uno nell'altro in un particolare ordine.

Quanto all'intero universo, duemila anni fa il Platone del *Timeo*, e oggi il Jean-Pierre Luminet di *La segreta geometria del cosmo*, ne hanno proposto una struttura dodecaedrica. Ma questi sono probabilmente solo sogni, come quelli degli artisti.

I quali, comunque, non sono rimasti insensibili neppure loro all'argomento. Verso il 1490 Piero della Francesca scrisse un *Libretto sui cinque corpi regolari*, andato perduto. E nel 1509 Luca Pacioli si basò su di esso per *La divina proporzione*, che passò alla storia. Le illustrazioni gliele fece infatti Leonardo da Vinci, con una serie di tavole che mostrano tutti e cinque i solidi regolari, e molti altri, in due versioni: *piena*, con le facce, e *vacua*, con il solo scheletro.

VII

Questo è assiomatico

Euclide

Nel –332 Alessandro Magno, appena ventiquattrenne, conquista l'Egitto quasi senza colpo ferire. Risale il Nilo fino a Menfi, dove viene proclamato faraone. Tornato sulla costa, traccia col grano il perimetro della nuova città di Alessandria. Recatosi nell'oasi di Siwa, consulta l'oracolo di Amon e viene a sapere di essere figlio del dio. Nel –331 riparte per altre conquiste, dalla Persia all'India. Nel –323, a trentatré anni, muore a Babilonia senza aver nominato un successore.

Il suo immenso impero viene conteso dai suoi generali, che se lo spartiscono. In Egitto diventa satrapo Tolomeo, che consolida il suo potere con una lunga serie di guerre. Nel –305 egli assume il titolo di re e inaugura la dinastia dei Tolomei, che rimarrà al potere per tre secoli. I suoi successori si chiameranno tutti Tolomeo, e molte delle loro mogli-sorelle Cleopatra. Compresa la settima, ultima e più famosa, dopo il suicidio della quale il paese passerà sotto la dominazione romana.

Fu Tolomeo I a far seppellire Alessandro nella città che ne portava il nome, e a farla fiorire in una metropoli cosmopolita, in grado di rivaleggiare per secoli con Atene e Roma. Fu lui a iniziare i lavori del famoso Faro, che prese il nome dall'isola di Pharos su cui era costruito, di fronte al porto di Alessandria, e divenne una delle sette meraviglie del mondo. Fu lui a volere il famoso Museo, «Tempio delle Muse», il primo del suo genere, che divenne il centro dello sviluppo umanistico e scientifico della cultura ellenistica.

E fu lui a fondare la famosa Biblioteca, annessa al Museo, che molti secoli dopo andrà in fumo in un incendio appiccato dai barbari, non si sa se cristiani o musulmani (se non è zuppa, è pan bagnato). Sicuramente la distruzione del Serapeo, il tempio cui era annessa la biblioteca minore di Alessandria, fu un effetto dell'editto di Teodosio nel 391, che proibì i vecchi culti pagani, rese il cristianesimo religione ufficiale dell'Impero e diede via libera ai fanatici della nuova fede cristiana. La distruzione della Biblioteca potrebbe però essere stata opera del califfo Omar, che nel 642 avrebbe sentenziato: «Se quei libri riportano cose presenti nel *Corano*, sono inutili. Se riportano cose non presenti nel *Corano*, sono dannosi».

Non ci sono vie regie

Verso il –300, sotto il regno di Tolomeo I, al Museo andò a lavorare un matematico di nome Euclide, passato alla storia come l'autore degli *Elementi*. Un'opera che effettivamente si addiceva all'istituzione, visto che costituiva una mostra retrospettiva dei risultati della matematica egizia e greca, dai primordi ai tempi moderni.

L'esposizione deve aver attirato l'attenzione dello stesso Tolomeo, se è vero l'aneddoto raccontato da Proclo nel suo *Commento al Primo Libro degli Elementi di Euclide*. Egli narra che il re abbia chiesto al matematico di suggerirgli qualche scorciatoia per impararne il contenuto. E che si sia meritato la famosa risposta: «Sire, non ci sono vie regie in geometria».

Uno che parlava così al re, non poteva certo aver remore con la gente comune. Un giorno uno studente, dopo aver frequentato alcune lezioni, gli domandò a cosa servivano tutti quei teoremi che gli toccava imparare. Per tutta risposta, Euclide ordinò a uno schiavo: «Da' qualche moneta a costui, perché ricavi qualcosa dalla geometria e sia contento».

L'aneddoto ne ricorda uno che si racconta di Newton, del quale si dice che rise solo una volta nella vita: quando qualcuno gli domandò, analogamente, a cosa servisse il libro che stava leggendo. Manco a dirlo, si trattava appunto degli *Elementi*.

Euclide in un particolare della *Scuola di Atene*
di Raffaello Sanzio, 1508-11.

Uno dei più antichi frammenti di Euclide, ritrovato a Oxyrhynchus
nel 1896 e risalente alla fine del I secolo.

Certo non tutti gli allievi di Euclide erano come quello. La scuola di Alessandria divenne infatti, nel tempo, il massimo centro mondiale delle ricerche matematiche. E tra coloro che vi studiarono o ci lavorarono si annoverano Archimede, Apollonio, Eratostene, Ipparco, Menelao, Tolomeo, Erone, Pappo e Diofanto. Cioè, tutto il meglio della matematica e della scienza ellenistica, molta della quale incontreremo in seguito.

Detto questo, in realtà non siamo nemmeno sicuri che Euclide sia veramente esistito, invece di essere un autore fittizio. O che abbia scritto da solo gli *Elementi*, invece di aver diretto e curato un lavoro collettivo. O che il testo sia opera sua, invece che una scopiazzatura da testi precedenti, in particolare gli omonimi *Elementi* di Ippocrate e i lavori di Teeteto.

Comunque, a contare è l'opera, non l'operaio. Non a caso, a partire da Archimede i Greci non chiamarono più Euclide per nome, e si riferirono a lui semplicemente come *Stoicheiotes*, «Elementista». E l'opera ha contato, eccome! Essa è stata nei secoli l'unico libro in grado di contendere alla Bibbia il primato di edizioni, commenti e studi. E a tutt'oggi rimane, con essa, il più significativo simbolo della contrapposizione tra ragione e fede.

Proprio per queste loro caratteristiche, gli *Elementi* non sono stati universalmente apprezzati, e tanto meno capiti. Un esempio fra tutti è un antico commento da filosofi alla Proposizione I.20, secondo cui *la somma di due lati di un triangolo è maggiore del terzo*. Gli Epicurei obiettarono che non c'era nessun bisogno di una dimostrazione: persino un asino in un cortile, se sta in un angolo e vede della paglia nell'angolo opposto, ci va tagliando per la diagonale, e non rasenta certo i muri.

In ogni caso, dopo essere ovviamente stati scritti in greco, gli *Elementi* furono tradotti in arabo almeno tre volte: verso l'800, il 900 e il 1200. E le prime edizioni latine furono, a loro volta, traduzioni delle traduzioni arabe, a partire da quella di Abelardo intorno al 1120.

La prima edizione a stampa risale al 1482, poco dopo la

prima edizione a stampa della Bibbia. Da quel momento gli *Elementi* divennero un popolare testo scolastico, e già agli inizi del Cinquecento il Libro I veniva chiamato *Magister matheseos*, «Maestro degli studenti».

Discorso sul metodo

Il primo insegnamento che gli *Elementi* offrivano, e continuano a offrire, è un'esemplificazione canonica del ragionamento matematico «alla greca», basato su due procedimenti complementari.

- Anzitutto, la *definizione* di concetti via via più complessi, a partire da *concetti primitivi* non definiti.
- E poi, la *dimostrazione* di proposizioni via via più complesse, a partire da proposizioni primitive non dimostrate, chiamate *postulati*, «richiesti di fede» (da *postulare*, «richiedere»), o *assiomi*, «degni di fede» (da *axios*, «degno»).

Questo impianto assiomatico era stato teorizzato poco prima da Aristotele nella *Metafisica*, in cui è espressa la ragionevole idea che «non tutto può essere dimostrato, perché questo porterebbe a un regresso infinito». E che «è segno di buona educazione sapere quando fermarsi», nel cammino a ritroso dal complesso al semplice.

Per procedere inversamente, dal semplice al complesso, Aristotele individuò nella logica lo strumento che permette di dimostrare le proposizioni e i teoremi a partire dai postulati o assiomi. E la studiò a fondo e sistematicamente in una serie di sei opere, riunite insieme in una collezione che venne appropriatamente chiamata *Organon*, «Strumento».

Di questo impianto teorico, gli *Elementi* divennero la prima realizzazione pratica, e rimasero la più paradigmatica. È vero che, per gli standard di oggi, la realizzazione non era perfetta: ad esempio, Euclide non separa affatto le nozioni definite da quelle indefinite, e cerca di definire tutto. Ma il rigore intellettuale, la sottigliezza argomentativa e la precisione formale degli *Elementi* ne fecero comunque un modello di ragionamento che rimase insuperato per due millenni, ed elevarono la matematica al di sopra di qualunque altra disciplina.

Furono proprio queste caratteristiche a rendere il libro così ostico a tutti coloro che non potevano, non sapevano, o non volevano volare così alto. E a esse si aggiunse anche il fatto che la presentazione *sintetica* dei risultati, dal semplice al complesso, procedeva in senso contrario al processo *analitico*, dal complesso al semplice, che aveva portato alla loro scoperta. Da Euclide in avanti, la matematica si fece dunque in un modo, e si raccontò in un altro, con grande smarrimento di coloro che dovevano impararla sui libri, invece che sul campo.

Per rispondere a Tolomeo, si potrebbe forse dire che una via regia alla matematica c'è. Ed è quella di seguirne la genesi storica, come stiamo appunto cercando di fare noi, invece di limitarsi a contemplare e insegnare il prodotto finito, come si fa invece troppo spesso nei libri di testo.

Punto, linea, superficie

Gli *Elementi* non sono soltanto una collezione più o meno organica di risultati. Sono anche, e soprattutto, una loro sistematizzazione assiomatica, a partire da un ristretto gruppo di nozioni e di assunzioni che costituiscono l'apertura del Libro I.

Una serie di ventitré *definizioni* elenca tutti gli enti di cui abbiamo parlato informalmente finora, a partire dal *punto*, dalla *linea* e dalla *superficie*. Il primo è definito come «ciò che non ha parti», la seconda come «una lunghezza senza profondità», e la terza come «ciò che ha solo lunghezza e larghezza», ma non altezza.

Singolarmente, *Punto, linea, superficie* è anche il titolo di un libro del 1926 di Vasilij Kandinskij, che su questi tre elementi costruì la sua arte figurativa astratta. Con una visione non diversa da quella del matematico, il pittore scrive che «il punto geometrico è invisibile, incorporeo, e in sostanza uguale a zero». Che «la linea geometrica è invisibile, e creata dal movimento di un punto che distrugge la sua intensa e autocontenuta quiete». E che «la superficie è il piano materiale chiamato a ricevere il contenuto dell'opera d'arte».

Vasilij Kandinskij, *Piccolo sogno in rosso*, 1925.
Diagramma conclusivo e copertina di *Punto, linea, superficie*.

Come affermazioni poetiche, quelle di Euclide e di Kandinskij vanno più che bene, ma matematicamente non definiscono nulla. Meno che mai i punti, di cui si limitano a dire cosa *non* sono, anziché cosa sono. In precedenza, i Pitagorici avevano definito il punto come «una monade con una posizione», e Platone come «l'estremità di un segmento». Secondo Aristotele, invece, i punti non fanno parte dei segmenti, neppure come loro estremità, ma li generano col loro movimento.

Per indicarli, fino ad Euclide si usava il termine *stigmè*, «puntura», da cui deriva «punto». Da lui in poi si usò invece *semeion*, «segno» o «marca», che ha un connotato meno pratico e più pittorico. Non a caso, il movimento del *puntinismo* riduce le figure a insiemi di punti materiali colorati. Questa tecnica era stata anticipata inconsciamente dai mosaici, e consciamente da Dong Yuan alla fine del primo millennio in Cina. Ma ufficialmente la si fa risalire al 1883, agli studi sui colori di Georges Seurat, e al suo «divisionismo».

Georges Seurat, *Modella di profilo*, 1887.

Euclide chiama la linea *gramma*, «scrittura» o «disegno». E la superficie, *epiphaneia*, «epifania», nel senso di «ciò che si vede da fuori» (da *epi*, «sopra», e *phánein*, «apparire»). Platone usava ancora il termine *epipedon*, «pianura» (da *pedon*, «suolo»), che fu in seguito riservato alle sole superfici piane. I Pitagorici parlavano invece di *chroia*, «pelle» o «carnagione». In ogni caso, erano tutte parole che si riferivano all'esterno di un oggetto fisico, e furono poi estese a significare la superficie matematica.

Dopo aver «definito» il punto, la linea e la superficie, Euclide li collega fra loro, stabilendo che «le estremità di una linea sono punti», e «i bordi di una superficie sono linee». Egli isola poi tra le linee quelle *rette*, e tra le superfici quelle *piane*, entrambe caratterizzate dalla proprietà di «giacere uniformemente»: le prime, rispetto ai propri punti, e le seconde, rispetto alle proprie linee.

Platone aveva definito il segmento retto come quello in

cui «il mezzo sta di fronte a entrambi gli estremi». Nel senso che, guardando perpendicolarmente il segmento da un suo punto interno, si vede solo un punto in entrambe le direzioni. Ma questo in realtà non definisce la linea retta geometrica, bensì la linea ottica percorsa dai raggi visivi. E non è detto che le due coincidano.

Azione a gamba tesa

Procedendo nella sua lista di definizioni, Euclide passa a caratterizzare gli *angoli*, come «l'inclinazione di due linee che si incontrano». Tra essi, isola quelli *piani* e quelli *rettilinei*: che sono, rispettivamente, determinati da due linee che stanno su uno stesso piano, o da due rette. E definisce gli angoli *retti*, che sono «formati da due rette che si incontrano formando angoli tutti uguali».

Il termine usato per indicare l'angolo è *gonia*, che deriva da *gony*, «ginocchio». L'idea di vedere il ginocchio come una specie di compasso è interessante, e suggerisce un'estensione che va dal ripiegamento completo alla gamba tesa, ma non oltre. In origine, una «ginocchiata» indicava dunque un angolo che poteva andare da zero fino a un angolo piatto, ma gli angoli superiori non venivano considerati.

Questo è il motivo per cui i Greci distinguevano i *polygonoi*, «multiangoli», dai *polypleura*, «multilati» (da *pleura*, «costola»). Si era infatti scoperto un supposto paradosso, in una figura che sembrava essere un «triangolo quadrilatero». Semplicemente, perché tre angoli erano acuti, ma uno era maggiore di un angolo piatto, e dunque «non esisteva».

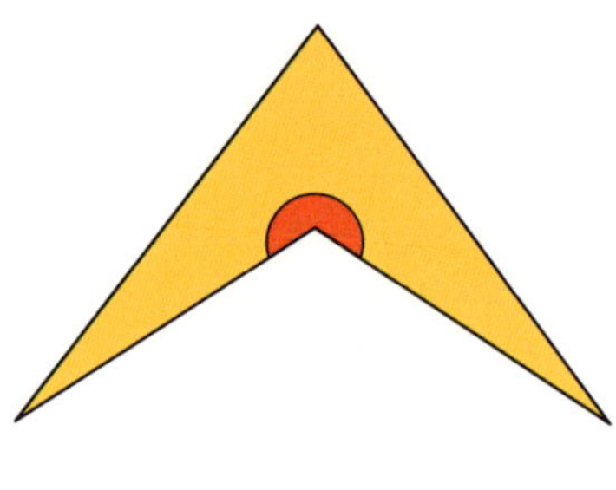

Cerchio, triangolo, quadrato

Da ultimo, Euclide arriva alle definizioni delle figure geometriche. Nell'ordine, del *cerchio*, come «la figura contenuta da una linea equidistante da un punto». Del *triangolo*, come «la figura rettilinea contenuta da tre rette». E del *quadrato*, come «la figura rettilinea, equilatera ed equiangola, contenuta da quattro rette».

La più famosa rappresentazione di questi tre enti fondamentali della geometria si trova in un dipinto del monaco buddhista giapponese Sengai Gibon, che si intitola letteralmente *Cerchio, triangolo, quadrato*, e metaforicamente *L'universo*. È considerato la più importante opera dell'arte zen del Settecento, e si compone soltanto delle tre figure citate, tracciate con un unico colpo di pennello. Esse stanno a indicare il legame tra il corpo finito e l'universo infinito, attraverso la mediazione della mente.

Per quanto riguarda le rappresentazioni individuali, la più mitica raffigurazione del *cerchio* è sicuramente quella che, secondo le *Vite de' più eccellenti pittori et scultori italiani* di Giorgio Vasari, ne fece Giotto per il messo di Benedetto XII. Usando l'avambraccio come un compasso, e anco-

Sengai Gibon, *Cerchio, triangolo, quadrato*, XVIII secolo.

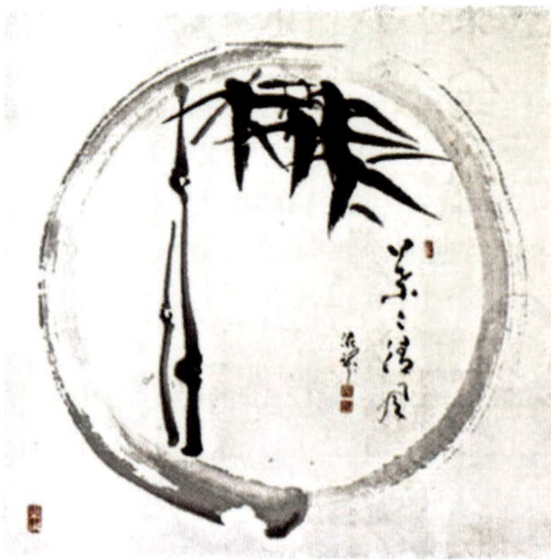

Deiryu, *Bamboo enso*, prima metà del '900

rando il gomito al torace, egli ne tracciò con un sol colpo un'immagine perfetta: per la cronaca, di colore rosso.

Nella cultura zen il cerchio vuoto si chiama *enso*, e l'arte di tracciarlo con un sol colpo di pennello in maniera esteticamente suggestiva, anche se non necessariamente (o necessariamente non) perfetta dal punto di vista geometrico, costituisce un gesto sublime. Secondo una leggenda dell'VIII secolo, il primo *enso* fu tracciato dal monaco Kyozan in risposta alla domanda su come raggiungere l'illuminazione, col commento: «La seconda miglior via è pensarci e capirlo, e la terza non pensarci e capirlo».

Varie altre culture hanno usato il cerchio per raffigurare il cielo o l'universo, in analogia con l'orizzonte: dal complesso megalitico di Stonehenge al calendario azteco conservato al Museo di Città del Messico. Gli induisti fanno danzare Shiva Nataraja nel cerchio di fuoco che simboleggia il ciclo delle rinascite. I confuciani hanno imperniato sul simbolismo circolare il Tempio del Cielo di Pechino. I taoisti rappresentano la complementarità degli opposti *yin* e *yang* mediante il cerchio e i due semicerchi del *T'ai-chi*. I buddhisti, infine, presentano un condensato della loro dottrina nei tre cerchi concentrici, divisi rispettivamente in tre, sei e dodici settori, della *ruota della vita*.

Robert Delaunay,
Manège de cochons, 1922.

Sonia Delaunay,
Prismes électriques, 1914.

Kenneth Noland,
Turnsole, 1961.

Kenneth Noland,
Sounds in the Summer Night, 1962.

Anche nell'arte i cerchi non mancano, dalle opere di Kandinskij a quelle dei due Delaunay, Robert e Sonia. Ad esempio, in *Alcuni cerchi* del primo (1926), e nelle *Forme circolari* (1912) e *Ritmi e colori: cerchi e semicerchi* (1939) dei secondi.

Ma chi ne ha fatto una vera e propria poetica è Kenneth Noland, un esponente dell'astrattismo postpittorico, che oltre a opere significativamente intitolate *Cerchio* (1958), *Rotondo* (1959) e *Bersaglio* (1962), ha dipinto innumerevoli altri insiemi di cerchi variopinti e concentrici.

In architettura, invece, il cerchio appare regolarmente

nelle piante di molte costruzioni. Per esempio, per limitarsi a Roma, dal Pantheon a Castel Sant'Angelo.

Passando al *triangolo*, esso è tipico dell'arte gotica. Per esempio, della facciata del Duomo di Milano, la cui costruzione diede origine, nel 1392, a una disputa geometrica che vide il triangolo avere la meglio sul quadrato. La soluzione adottata si può osservare nel progetto del direttore dei lavori, l'architetto Cesare Cesariano, nell'edizione di Como da lui curata nel 1521 dell'*Architettura* di Vitruvio.

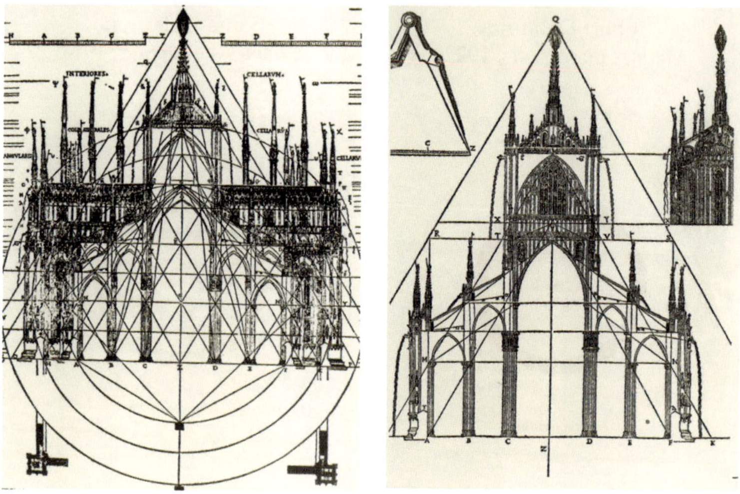

Sezione del Duomo di Milano dall'*Architettura* di Vitruvio curata da Cesare Cesariano, 1521.

Quanto al *quadrato*, dal 1884 è addirittura il narratore e protagonista di *Flatlandia* di Edwin Abbott, sottotitolato appunto «Romanzo multidimensionale di un Quadrato». Abbiamo già detto come le sue successioni telescopiche stiano alla base delle raffigurazioni interne degli yantra, e di riflesso anche nelle piante di vari edifici sacri. In Occidente, oltre ad aver fornito ad Athanasius Kircher la forma del Paradiso Terrestre, il quadrato costituisce uno dei soggetti preferiti dell'arte astratta.

Kazimir Malevič,
Quadrato rosso, 1915.

Kazimir Malevič, *Quadrato nero e quadrato rosso*, particolare, 1920.

Josef Albers,
Omaggio al quadrato, 1955.

Josef Albers,
Omaggio al quadrato, 1963.

Basta pensare, in generale, a Piet Mondrian e Theo Van Doesburg, di cui abbiamo già visto un paio di esempi. Oppure, in particolare, alle composizioni suprematiste *Quadrato rosso* (1915), *Quadrato nero su fondo bianco* (1915), *Quadrato bianco su fondo bianco* (1918) e *Quadrato nero e quadrato rosso* (1920) di Kazimir Malevič. La sua stessa tomba è costituita da un cubo bianco, ornato da un quadrato nero.

Ma il vero re dei quadrati è Josef Albers, un allievo del Bauhaus, che nel dopoguerra ne ha fatti letteralmente di tutti i colori, con esasperante monotonia di contenuti. La serie *Omaggio al quadrato*, iniziata nel 1949 e proseguita fino alla morte nel 1976, contiene centinaia di dipinti e studi, tutti dedicati a esplorare le possibilità cromatiche di quattro quadrati, inseriti uno nell'altro.

Ai blocchi di partenza

Una volta introdotti gli enti della geometria, Euclide passa a enunciare alcune delle loro proprietà fondamentali, attraverso una serie di cinque *postulati* o *assiomi*. I primi tre riguardano le costruzioni di segmenti e cerchi mediante la riga e il compasso, e il quarto enuncia una proprietà degli angoli retti:

1. *Due punti si possono congiungere con un segmento rettilineo.*
2. *Ogni segmento rettilineo si può estendere indefinitamente.*
3. *Dato un punto e un segmento, si può tracciare il cerchio avente quel punto come centro e quel segmento come raggio.*
4. *Tutti gli angoli retti sono uguali fra loro.*

Come si può notare, i primi quattro assiomi non dicono nulla sull'esistenza dei punti. Affermano invece l'esistenza, ma non l'unicità, di segmenti e cerchi costruiti in un certo modo. E affermano l'unicità, ma non l'esistenza, degli angoli retti.

Alcune di queste mancanze sono giustificate, e costituiscono un esempio di sofisticazione. Ad esempio, gli angoli retti si possono costruire con riga e compasso, e dunque la loro esistenza si dimostra sulla base dei primi tre assiomi.

Altre mancanze sono invece ingiustificate, e costituiscono una deficienza del sistema. Ad esempio, senza punti a disposizione, il gioco non può neppure partire. Ma anche supponendo l'esistenza di almeno due punti, sulla base degli assiomi non si può dimostrare che il segmento che li unisce è unico, e la sua unicità andrebbe dunque postulata a parte. Idem per il cerchio con un dato centro e un dato raggio.

Benché non ne parlino esplicitamente, i quattro postulati esprimono anche implicitamente alcune proprietà del piano. Sempre supponendo almeno l'esistenza di due punti, dal secondo postulato si deduce infatti che *il piano è illimitato* in almeno una direzione. E dal terzo, che lo è in tutte le direzioni.

Dal quarto postulato, invece, si deduce che *il piano è omogeneo,* nel senso che ha le stesse proprietà dovunque. Lo stesso effetto ha la Proposizione I.4, che stabilisce il *criterio* LAL *(Lato-Angolo-Lato): due triangoli aventi due lati e l'angolo compreso uguali, sono uguali.*

Euclide dimostra il criterio spostando uno dei due triangoli sull'altro, e osservando che coincidono. In tal modo avrebbe potuto anche dimostrare il quarto postulato, spostando un angolo retto sull'altro. Questo tipo di dimostrazione «per movimento e sovrapposizione» è intuitivo, e l'abbiamo già usato anche noi. Ma in un impianto assiomatico, dev'essere giustificato sulla base di qualche postulato, che Euclide non enuncia.

In realtà, sarebbe stato meglio invertire l'ordine delle cose e prendere come postulato il criterio LAL. In tal caso, come dimostrò Hilbert nel 1899, è il quarto postulato di Euclide che diventa dimostrabile. E questa è appunto la strada che si segue oggi.

Ma poiché Euclide usa la dimostrazione «per movimento e sovrapposizione» per il criterio LAL, tanto vale continuare a usarla e dimostrare nello stesso modo gli altri due criteri di uguaglianza dei triangoli. Cioè, il *criterio* LLL (*Lato-Lato-Lato*): *due triangoli aventi tre lati uguali a due a due, sono uguali.* E il già citato *criterio* ALA (*Angolo-Lato-Angolo*): *due triangoli aventi un lato e i due angoli adiacenti uguali, sono uguali.*

Esercizi alle parallele

L'ultima delle ventitré definizioni preliminari di Euclide riguarda le *parallele,* che sono «rette che stanno su uno stesso piano, e non si incontrano in nessuna direzione». Il che giustifica il loro nome, che deriva dal greco *para,* «presso», e *allelon,* «tra loro», e significa dunque «l'una affiancata all'altra».

Anche l'ultimo dei cinque postulati o assiomi riguarda le parallele, e stabilisce una condizione per accorgersi che due rette *non* lo sono:

5. *Se due rette tagliate da una trasversale formano, da una sua stessa parte, due angoli interni che sommano a meno di un angolo piatto, allora le due rette si incontrano da quella stessa parte.*

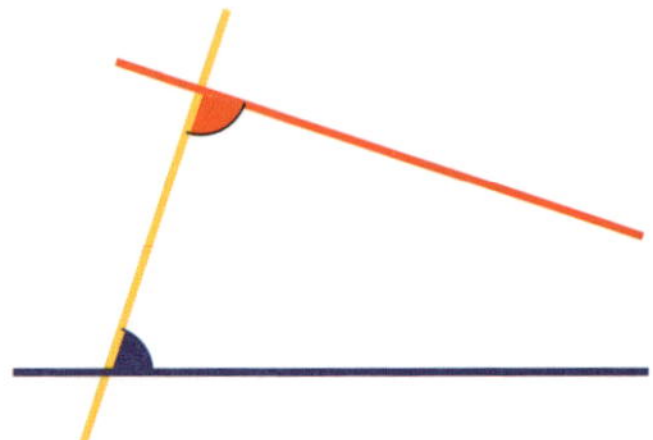

Si vede anche a occhio, dalla lunghezza dell'enunciato, che il quinto postulato è di natura diversa dagli altri quattro. Euclide ne era conscio, e non lo usò finché poté: cioè, fino alla Proposizione I.29, che dimostra l'uguaglianza degli angoli corrispondenti, e degli angoli alterni interni, di due rette parallele tagliate da una trasversale.

Tramite quella Proposizione, il quinto postulato viene poi usato a cascata per dimostrare le proprietà dei parallelogrammi. Ad esempio, il fatto che *in un parallelogramma i lati corrispondenti sono uguali*: basta infatti dividere il parallelogramma in due con una diagonale, e notare che i due triangoli che si ottengono sono uguali per il criterio ALA, avendo un lato (la diagonale) e i due angoli adiacenti (due coppie di angoli alterni interni) uguali.

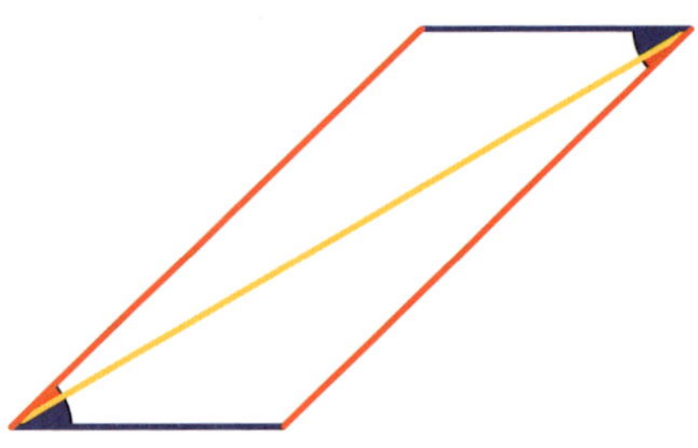

Dalle proprietà dei parallelogrammi si deducono poi, sempre a cascata, anche quelle dei triangoli. Ad esempio, poiché i due triangoli in cui si divide il parallelogramma sono uguali, *l'area di un triangolo è metà di quella del parallelogramma con la stessa base e la stessa altezza.*

Ci si accorge, cioè, che tutta la geometria elementare riposa sul postulato delle parallele. Molti matematici greci dopo Euclide si dedicarono allora a cercare di dimostrare il quinto postulato sulla base degli altri quattro. Con l'obiettivo, ovviamente, di ridurre la fondazione degli *Elementi* ai soli primi quattro postulati, che sembravano più intuitivi ed elementari del quinto.

Vedremo in seguito gli inaspettati e proficui esiti di questi tentativi di dimostrazione. Per ora ne ricordiamo due di natura cosmetica, che mostrarono come il quinto postulato si potesse riformulare in altre maniere equivalenti, e forse più attraenti.

La prima riformulazione si trova nel *Commento al Primo Libro degli Elementi di Euclide* di Proclo. La si usa giustamente ancor oggi, al posto di quella più macchinosa di Euclide, ma la si fa erroneamente risalire a John Playfair, che si limitò a divulgarla nel 1795 nei suoi *Elementi di geometria.*

- *Per un punto fuori di una retta, passa una sola parallela alla retta.*

La seconda riformulazione è invece di John Wallis, che la enunciò in una conferenza del 1663, e la pubblicò nel 1693 nella sua *Opera mathematica.* È interessante perché mostra come, in realtà, il quinto postulato non sia altro che una versione del terzo, enunciato per i triangoli invece che per i cerchi:

- *Dati un triangolo e un segmento, esiste un triangolo simile avente il segmento come lato.*

Gran finale donchisciottesco

Il Libro I di Euclide si conclude con una nuova dimostrazione del teorema di Pitagora. Anzi, leggendolo ci si accorge che il Libro è stato scritto all'indietro, risalendo dalla dimostrazione del teorema alle proposizioni necessarie per dimostrarlo, fino ad arrivare a determinare i postulati su cui si basa l'intera opera.

Nel Libro VI Euclide dimostra il teorema di Pitagora nella maniera «più parsimoniosa» che abbiamo già visto a p. 76. In particolare, usa la teoria della similitudine di Talete per notare che i due quadrati costruiti sui cateti sono uguali a due rettangoli, che insieme costituiscono il quadrato costruito sull'ipotenusa.

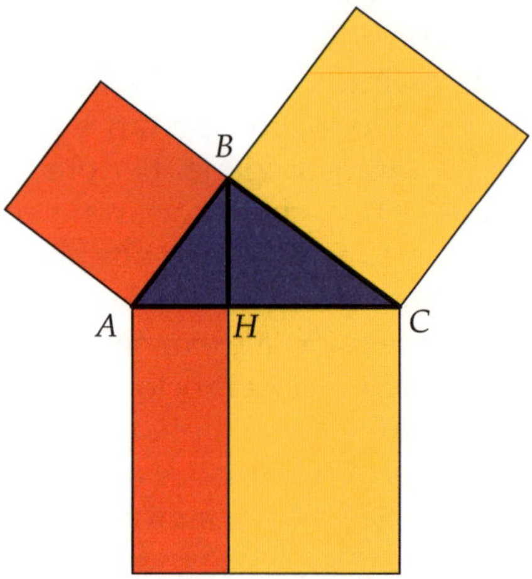

Infatti, poiché i triangoli *AHB* e *ABC* sono simili, i lati corrispondenti sono proporzionali. Dunque:

$$\frac{AH}{AB} = \frac{AB}{AC} \quad \text{e} \quad AH \times AC = AB^2$$

Analogamente per i triangoli *CHB* e *ABC*. Questa dimostrazione è semplice ed elementare, ma solo perché richiede appunto la teoria della similitudine, che è complicata e avanzata.

Euclide si accorse però che lo stesso risultato si poteva ottenere sostituendo le proprietà dei triangoli simili con quelle dei parallelogrammi con la stessa base e la stessa altezza. Bastava infatti prolungare i lati dei quadrati costruiti su un cateto e sull'ipotenusa, fino a farli incontrare a formare appunto un parallelogramma che aveva i lati uguali a quelli dei due quadrati.

Ora, il quadrato costruito sul cateto è uguale al parallelogramma, perché essi hanno la stessa base (il lato del quadrato) e la stessa altezza. E il parallelogramma è uguale al rettangolo, perché hanno basi uguali (al lato del quadrato costruito sull'ipotenusa) e la stessa altezza (*AH*).

C'è però ancora un problema: per vedere che le basi del parallelogramma e del rettangolo sono uguali, bisogna farle coincidere. Cioè, si sta di nuovo usando un procedimento «per movimento e sovrapposizione», che non è giustificato dai postulati.

Ma questa volta la cosa si può risolvere facilmente, in almeno due modi diversi. Uno sarebbe quello di completare la figura, prolungando tutti i lati dei quadrati costruiti sui cateti, e di ribaltare all'insù il quadrato costruito sull'ipotenusa. Si ottiene così una figura che combina le due figure separate della nostra prima dimostrazione del teorema di Pitagora a p. 74. E mentre allora la dimostrazione si basava sul movimento dei triangoli, ora si basa soltanto sulla teoria dei parallelogrammi, e dimostra che il quadrato costruito sull'ipotenusa si scompone in due rettangoli equivalenti ai due quadrati costruiti sui cateti.

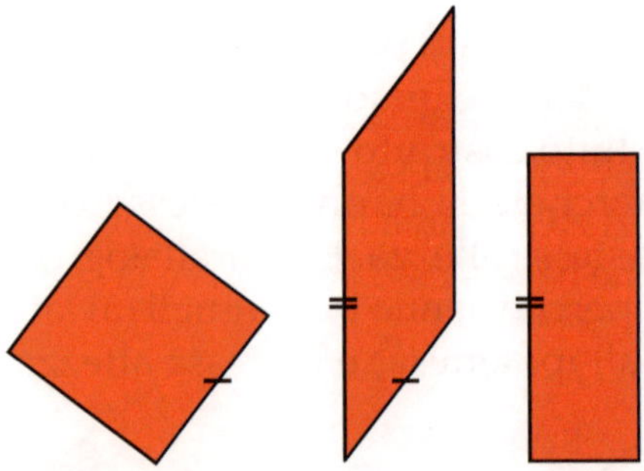

L'altro modo di procedere, quello seguito da Euclide, consiste nel dimezzare il parallelogramma nel triangolo *BAA″*. Confrontando quest'ultimo col triangolo *A′AC*, si nota che:

- *BA* e *A′A* sono uguali, in quanto entrambi lati del quadrato costruito sul cateto.
- *AA″* e *AC* sono uguali, in quanto entrambi lati del quadrato costruito sull'ipotenusa.
- L'angolo *BAA″* è uguale all'angolo *A′AC*, perché entrambi si ottengono sommando un angolo retto all'angolo *BAC*.

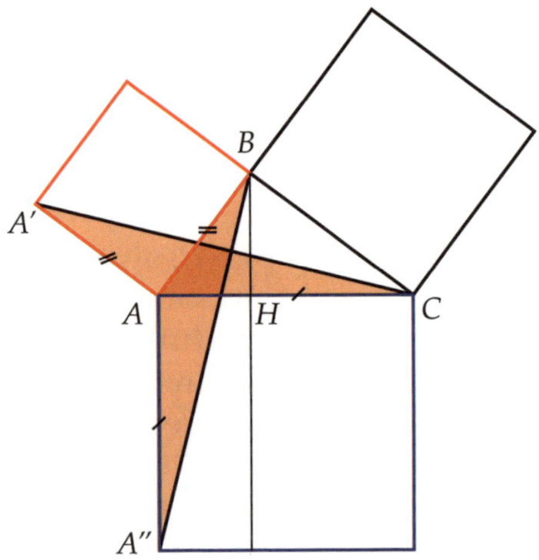

Avendo due lati e l'angolo compreso uguali, i due triangoli sono uguali per il criterio LAL: precisamente, sono uno la rotazione dell'altro, di un angolo retto.

Inoltre:

- Il triangolo BAA'' ha area metà del rettangolo, perché ha la stessa base AA'' e la stessa altezza AH.
- Il triangolo $A'AC$ ha area metà del quadrato costruito sul cateto, perché ha la stessa base $A'A$ e la stessa altezza AB.

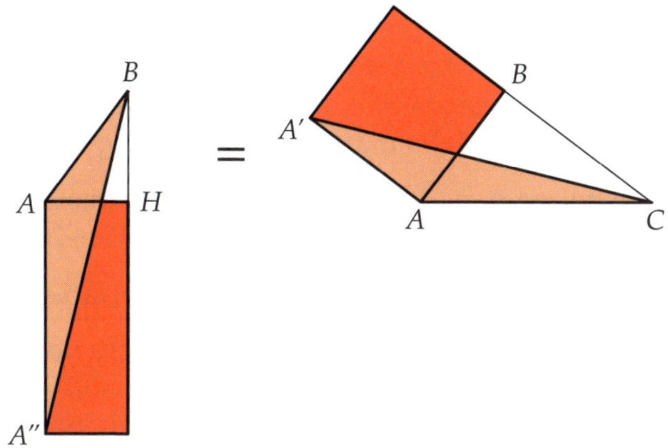

I due triangoli hanno dunque la stessa area, e quest'area è metà di quella sia del quadrato, sia del rettangolo. Allora, il quadrato costruito sul cateto ha la stessa area del rettangolo costruito sull'ipotenusa. E poiché la stessa cosa si può ripetere anche per il quadrato costruito sull'altro cateto, e l'altro rettangolo costruito sull'ipotenusa, abbiamo infine dimostrato che *i quadrati costruiti sui cateti sono uguali al quadrato costruito sull'ipotenusa*, che è la somma dei due rettangoli.

Della mezza dozzina di dimostrazioni del teorema di Pitagora che abbiamo date, questa non è certo la più intuitiva o immediata. Ma è quella classica, basata sull'impianto logico e assiomatico proposto da Aristotele e realizzato da Euclide. La complessa figura su cui si basa è diventata un'icona della geometria, ed è stata paragonata a un mulino a vento, il cui edificio è il quadrato costruito sull'ipotenusa, e le cui pale sono i quadrati costruiti sui cateti.

Chi non muore si rivede

Come dimostra l'esempio del teorema di Pitagora, gli *Elementi* sono la fine, e non il principio, di una storia. Scorrendo le pagine dell'opera, ci accorgiamo infatti che una sua buona parte ripercorre il percorso che ci ha portati fin qui.

O meglio, così fa una metà dei suoi tredici «libri», che noi oggi chiameremmo «capitoli». Formalmente, infatti, gli *Elementi* si presentano tutti in forma geometrica. Ma, sotto queste mentite spoglie, per metà essi trattano in realtà di altre branche della matematica:

- Una buona parte dei Libri II-VI è dedicata all'*algebra*. Vi si dimostrano espressioni come $(a+b)^2= a^2+2ab+b^2$. E vi si risolvono equazioni quadratiche come $ax^2+bx+c=0$.
- I Libri VII-IX sono dedicati all'*aritmetica* dei numeri interi. Vi si descrivono algoritmi come quello per la determinazione del massimo comun divisore. E vi si dimostrano teoremi come la decomposizione unica in fattori primi.
- I Libri V e X sono dedicati all'*analisi* dei numeri reali. Nel primo si espone la teoria delle approssimazioni razionali di Eudosso. Nel secondo, la classificazione di Teeteto degli irrazionali quadratici semplici o doppi, come

  $\sqrt{2}$ o $\sqrt{\sqrt{2}+\sqrt{3}}$.

Dei libri rimanenti, che sono quelli che ci interessano qui, i primi trattano della *geometria piana*, e gli ultimi della *geometria solida*. E i 465 teoremi dell'intera opera sono incastonati fra due risultati che, non a caso, hanno costituito l'inizio e la fine della storia che abbiamo narrato finora:

- Il Libro I si apre con la Proposizione 1, che costruisce il triangolo equilatero con riga e compasso. Ripetuta due volte, questa costruzione permette di tirare la perpendicolare a un segmento dato e di bisecarlo.
- Il Libro XIII si chiude invece con la Proposizione 18, che dimostra il teorema di Teeteto sull'unicità dei cinque solidi regolari.

Fra questi due estremi, l'opera sviluppa nel dettaglio l'intera geometria elementare. Ripercorrendola, qua e là troviamo incastonati tutti i grandi teoremi legati ai nomi di Talete, Pitagora, Democrito, Ippocrate e Teeteto.

Più precisamente, sfogliando gli *Elementi* finiamo col fare un bel ripasso di tutto ciò che abbiamo visto finora. Per chi avesse la pazienza di leggerla, la tavola seguente riporta la lista dettagliata dei riferimenti.

TAVOLA RIASSUNTIVA

Dal Libro I, che tratta dei *triangoli* e dei *parallelogrammi*.

Due triangoli sono uguali se hanno due lati e l'angolo compreso uguali (I.4).

Gli angoli alla base di un triangolo isoscele sono uguali (I.5).

Due triangoli sono uguali se hanno i tre lati uguali due a due (I.8).

Si può bisecare un angolo (I.9) e un segmento (I.10).

Si può tirare la perpendicolare da una retta (I.11) e a una retta (I.12).

Angoli opposti al vertice sono uguali (I.15).

Due triangoli sono uguali se hanno un lato e i due angoli adiacenti uguali (I.26).

In due rette parallele tagliate da una trasversale, gli angoli corrispondenti e gli angoli alterni interni sono uguali (I.29).

La somma degli angoli di un triangolo è pari a un angolo piatto (I.32).

L'area di un triangolo è la metà di quella del parallelogramma corrispondente (I.34).

Parallelogrammi con la stessa base e la stessa altezza hanno la stessa area (I.35).

Triangoli con la stessa base e la stessa altezza hanno la stessa area (I.37).

Un triangolo avente la stessa base e la stessa altezza di un parallelogramma ha metà area (I.41).

In un triangolo rettangolo, la somma dei quadrati costruiti sui cateti è uguale al quadrato costruito sull'ipotenusa (I.47).

Dal Libro II, che tratta dell'*algebra geometrica*.

Due quadrati, più due rettangoli costruiti sui loro lati, equivalgono a un quadrato avente per lato la somma dei loro lati (II.4).

Ogni poligono equivale a un quadrato (II.14).

Dal Libro III, che tratta dei *cerchi*.

Un triangolo inscritto in una semicirconferenza è retto (III.31).

Dal Libro IV, che tratta dei *poligoni regolari*.

Si può inscrivere o circoscrivere in un cerchio un triangolo (IV.2-3), un quadrato (IV.6-7), un pentagono (IV.11-12) e un esagono (IV.15).

Si può costruire un triangolo aureo (IV.10).

Si può costruire il pentadecagono regolare, a partire dal triangolo e dal pentagono regolari (IV.16).

Dal Libro VI, che tratta della teoria della *similitudine*.

In due triangoli coi lati paralleli, i lati corrispondenti sono proporzionali (VI.2).

In due triangoli con gli stessi angoli, i lati corrispondenti sono proporzionali (VI.4).

In due triangoli coi lati proporzionali, gli angoli corrispondenti sono uguali (VI.5).

In un triangolo rettangolo, l'altezza relativa all'ipotenusa lo divide in due triangoli rettangoli simili fra loro e all'intero triangolo (VI.8).

Un rettangolo è equivalente a un quadrato avente per lato la media proporzionale dei suoi lati (VI.13).

In triangoli simili, l'area è proporzionale al quadrato dei lati corrispondenti (VI.19).

In poligoni simili, l'area è proporzionale al quadrato dei lati corrispondenti (VI.20).

In un triangolo rettangolo, la somma di figure simili costruite sui cateti è uguale alla figura simile costruita sull'ipotenusa (VI.31).

Dal Libro XI, che tratta dei *parallelepipedi*.

La somma degli angoli piani che costituiscono un angolo solido è minore di un angolo giro (XI.21).

Le facce opposte di un parallelepipedo sono parallelogrammi uguali (XI.24).

Parallepipedi con la stessa base e la stessa altezza hanno lo stesso volume (XI.30).

In parallelepipedi simili, il volume è proporzionale al cubo dei lati corrispondenti (XI.33).

Dal Libro XII, che tratta delle *piramidi* e dei *coni*.

L'area del cerchio è proporzionale al quadrato del diametro (XII.2).

In piramidi a base poligonale, il volume è proporzionale alla base (XII.6).

Il volume di una piramide a base poligonale è un terzo del volume del prisma corrispondente (XII.7).

Il volume di un cono è un terzo del volume del cilindro corrispondente (XII.10).

Dal Libro XIII, che tratta dei cinque *solidi regolari*.

I lati di un rettangolo aureo sono incommensurabili (XIII.6).

Le diagonali di un pentagono regolare si tagliano in proporzione aurea (XIII.8).

Il lato dell'esagono e del decagono regolari sono in proporzione aurea (XIII.9).

Il quadrato costruito sul lato del pentagono regolare è uguale alla somma dei quadrati costruiti sui lati dell'esagono e del decagono regolari (XIII.10).

Le diagonali e i lati di un pentagono regolare sono incommensurabili (XIII.11).

Si possono costruire e inscrivere in una sfera il tetraedro (XIII.13), l'ottaedro (XIII.14), il cubo (XIII.15), l'icosaedro (XIII.16) e il dodecaedro (XIII.17).

Essi costituiscono gli unici solidi regolari (XIII.18).

VIII

Specchio ustorio delle mie brame

Archimede

Nel –264 i Romani oltrepassarono lo stretto di Messina, nel primo atto di un processo che li avrebbe portati, nel giro di un secolo, al dominio incontrastato del Mediterraneo. L'occasione dell'intervento romano fu l'attacco che Gerone II, da sei anni tiranno di Siracusa, aveva lanciato contro i Mamertini che controllavano Messina.

Questi ultimi chiesero aiuto ai Romani, che sbarcarono in Sicilia sotto la guida del console Appio Claudio. Fino ad allora i rapporti tra Roma e Cartagine erano stati buoni, ma l'intervento a Messina lì deteriorò. I Cartaginesi si allearono coi Siracusani, ma non riuscirono a contrastare l'offensiva romana. Nel –263 Gerone II fece un ribaltone, tradendo l'alleanza coi Cartaginesi e passando dalla parte dei Romani.

E fece bene, perché scelse la parte giusta. Fino al –241 Cartaginesi e Romani combatterono la Prima guerra punica per il dominio della Sicilia, che si concluse con l'espulsione di Cartagine dall'isola. Questa divenne la prima provincia romana della storia, e solo Siracusa rimase formalmente indipendente, benché alleata coi Romani.

Gerone II morì nel –215, in piena Seconda guerra punica, che si combatté per il dominio del Mediterraneo occidentale. Suo nipote Geronimo, pensando che Annibale stesse per avere la meglio sui Romani, effettuò un controribaltone e cambiò una seconda volta bandiera, allettato dalle promesse cartaginesi di lasciargli il controllo dell'intera Sicilia.

Nel –214 i Siracusani entrarono in guerra contro i Romani, al fianco di Cartagine. Quest'ultima conquistò facilmente buona parte della Sicilia, e Roma mandò nell'isola le sue truppe migliori, al comando del console Marcello. Siracusa fu assediata per mare e per terra, e cadde nel –212. L'isola fu assoggettata e riunita sotto il dominio romano nel –210, anche se la definitiva sconfitta di Annibale e la fine della Seconda guerra punica dovettero attendere il –201.

Eureka!

Siracusa aveva fortificazioni massicce, e non venne mai espugnata. Le truppe nemiche riuscirono a entrarvi, dopo diciotto mesi di assedio, soltanto perché la fazione filoromana aprì dall'interno le porte della città, mentre era in corso una festività religiosa in onore di Diana. I legionari la misero a ferro e fuoco, e la vittima più illustre della carneficina fu senza dubbio il settantacinquenne Archimede, massimo genio dell'antichità, e uno dei più grandi di sempre.

Volto di Archimede inciso sul fronte della Medaglia Fields, massima onorificenza per i matematici.

Domenico Fetti, *Archimede*, 1620.

Giulio Parigi, *Mano di ferro* e *Specchio ustorio*, fine XVI secolo.

Si trattò di un errore, o di un eccesso di zelo da parte di un soldato romano, perché Marcello aveva espressamente ordinato che Archimede fosse preso vivo. Il console infatti conosceva lo scienziato, ma non per i suoi risultati matematici: piuttosto, per le «armi di distruzione di massa» che questi aveva fornito alla città durante l'assedio.

I resoconti, probabilmente molto esagerati, parlano in

particolare di catapulte che lanciavano massi a grande distanza. Di una mano di ferro in grado di sollevare e scaraventare le navi nelle acque. E, soprattutto, dei famosi specchi ustori che avrebbero incendiato le navi, concentrando su di esse una specie di «raggio della morte». La storia non è riportata da nessuno degli storici classici, però, e appare per la prima volta soltanto nel I secolo della nostra era, nei *Memorabilia* di Valerio Massimo.

L'assedio non era comunque la prima occasione in cui lo scienziato prestava i suoi servizi alla città e al suo governo. A parte gli armamenti, l'episodio più noto è quello raccontato da Vitruvio nel trattato *Sull'architettura*. Archimede scoprì un metodo per stabilire se l'oro di una corona fusa per Gerone II fosse stato mescolato con dell'argento. L'idea gli sarebbe venuta nella vasca da bagno, e per l'eccitazione egli si sarebbe messo a correre per la città, nudo e grondante, urlando: «*Eureka*, ho trovato!».

Più che un episodio storico, questa sembra essere una leggenda creata apposta per propagandare i risultati ottenuti da Archimede nel suo trattato *Sui corpi galleggianti*. In particolare, quello secondo cui *un corpo immerso in un fluido riceve una spinta dal basso verso l'alto pari al peso del liquido spostato*. Nel 1586, a soli ventidue anni, Galileo dedicò il suo primo lavoro scientifico, *La bilancetta*, a spiegare quale fosse il modo più semplice e convincente di usare il principio di Archimede per risolvere il problema della corona di Gerone.

Altrettando leggendario sembra l'episodio raccontato da Plutarco nella *Vita di Marcello*. Questa volta Archimede, dopo la scoperta del principio della leva e degli altri risultati contenuti nel trattato *Sull'equilibrio dei piani*, avrebbe detto a Gerone II: «Datemi un punto di appoggio, e vi solleverò il mondo». Al che il tiranno l'avrebbe sfidato a mostrargli un esempio un po' più pratico, e lo scienziato avrebbe costruito un sistema di pulegge in grado di sollevare una nave completa del suo carico, e depositarla in mare con lo sforzo di un sol uomo.

Leggende a parte, è sicuro che Archimede sapesse comunque rendersi utile, e per questo Marcello lo voleva vivo.

Sulla sua morte ci sono varie storie, probabilmente tutte false, che gli fanno dire cose memorabili al soldato romano che lo freddò. Ad esempio: «Sta' attento ai miei diagrammi», che aveva disegnato per terra. Oppure: «Aspetta che risolva il mio problema», al quale stava lavorando. Ma il soldato non stette attento, e non aspettò.

Il cerchio si apre

Che cosa Archimede pensasse delle proprie invenzioni pratiche, lo racconta Plutarco nella *Vita di Marcello*:

> Benché queste invenzioni l'avessero fatto considerare di ingegno sovrumano, lui non si degnò di lasciarci un solo scritto su di esse. Infatti, considerava ignobile e sordida la meccanica, e tutto ciò che poteva essere utile e remunerativo. Il suo vero interesse erano le ricerche pure, non involgarite dalle necessità della vita quotidiana.

La più famosa ricerca pura di Archimede è contenuta nel trattato sulla *Misura del cerchio*. O meglio, nelle prime tre proposizioni, le uniche che ci sono rimaste. Esse probabilmente fungevano solo da «riscaldamento» per il seguito: chissà cosa c'era nelle rimanenti, che sono andate perdute!

In particolare, la prima proposizione dimostra che *un cerchio è equivalente al triangolo che ha per base la circonferenza, e per altezza il raggio*. La dimostrazione è semplice e geniale, come si addice a una mente fuori del comune. Introduce infatti un'idea completamente nuova, rispetto a tutto ciò che era venuto prima: l'idea di *limite di un processo infinito*, che poi diventerà l'ingrediente principale dell'analisi matematica moderna.

Archimede parte nello stesso modo in cui era partito Ippocrate. Taglia cioè il cerchio in fette uguali, e le ripulisce dalla curvatura. Ottiene così un poligono regolare, il cui perimetro approssima la circonferenza, e la cui area approssima quella del cerchio. Fin qui, niente di nuovo.

Prendendo poi un'altra strada rispetto a Ippocrate, Archimede dispiega il poligono e pone tutte le fette in fila. Ottiene così una serie di triangolini tutti della stessa altezza, le cui basi assommano al perimetro del poligono. La somma delle loro aree, e dunque anche l'area del poligono, è uguale all'area di un unico triangolo che abbia la stessa altezza, e come base il perimetro. Fin qui, niente di speciale.

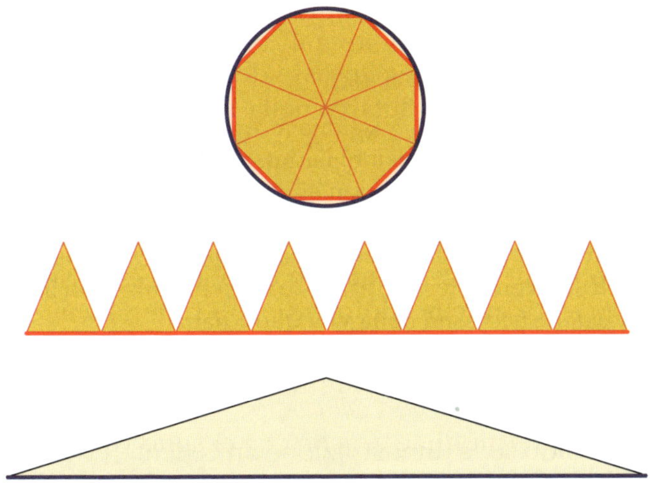

Il colpo di genio arriva con l'osservazione che, se si taglia il cerchio in fette sempre più piccole, la loro altezza si avvicina sempre più al raggio, e il perimetro del poligono sempre più alla circonferenza. Poiché il cerchio è il «limite» di questo processo, appunto, la sua area equivale allora a quella di un triangolo che ha per altezza il raggio r e per base la circonferenza C, come annunciato. In formule:

$$A = \frac{Cr}{2}.$$

A scanso di equivoci, questa *non* è una quadratura del cerchio! Perché trasforma sì il cerchio in un triangolo, e dunque in un quadrato, di area equivalente. Ma non lo fa affatto usando soltanto la riga e il compasso. Anzi, non lo fa nemmeno in un numero finito di passi: ogni passo si limita ad avvicinarsi sempre più al risultato, senza però raggiungerlo mai.

L'appetito vien mangiando

A questo punto, ad Archimede venne in mente di provare a estendere il risultato dal cerchio alla sfera. Lo racconta lui stesso, nel *Metodo*:

> Come ogni cerchio è uguale a un triangolo che ha per base la sua circonferenza e per altezza il raggio, così supposi che ogni sfera fosse uguale a un cono avente per base la sua superficie e per altezza il raggio.

Il problema è che, in questo caso, non è possibile tagliare la sfera in fette tridimensionali tutte uguali e sempre più piccole. Infatti, una tale divisione produrrebbe infiniti solidi regolari. Ma sappiamo già che, invece, ce ne sono solo cinque.

Meditando sulla dimostrazione precedente, ci si accorge però che il fatto di dividere il cerchio in fette tutte uguali era solo una comodità, e non una necessità. Se le fette non fossero tutte uguali, ovviamente non lo sarebbero neppure le altezze dei vari triangolini. Ma continuando a fare fette sempre più piccole, «al limite» tutte le altezze si avvicinerebbero comunque sempre più al raggio. E piano piano tutto si sistemerebbe esattamente come prima, anche se in maniera meno uniforme.

Passando alla sfera, si può allora tagliarla in fette piramidali irregolari. Dopo averle ripulite dalla curvatura, esse diventano piramidi e si possono dispiegare sul piano. Ed esattamente come per il cerchio, «al limite» le loro altezze si avvicinano sempre più al raggio del cerchio, e la somma delle loro basi si avvicina sempre più alla superficie della sfera. Dunque, *una sfera è equivalente a una piramide (o al cono) che ha per base la superficie, e per altezza il raggio.*

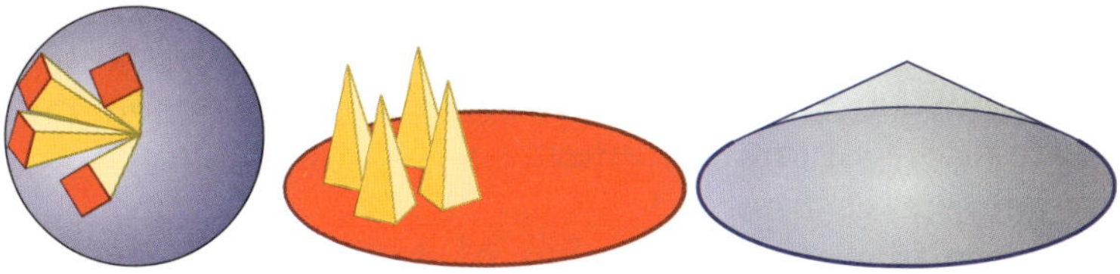

Ricordando il teorema di Democrito, secondo cui il volume di una piramide (o di un cono) è un terzo di quello del prisma (o del cilindro) corrispondente, si può riscrivere anche questo risultato per la sfera con una formula analoga a quella già ottenuta per il cerchio:

$$V = \frac{Sr}{3}.$$

Dopo aver determinato un legame tra la superficie e il volume della sfera, ad Archimede sarebbe bastato ottenere l'una per ottenere anche l'altro, o viceversa. Da asso pigliatutto, lui fece entrambe le cose: calcolò il volume nel *Metodo*, e la superficie nel trattato *Sulla sfera e il cilindro*.

Noi seguiremo la prima via, che è anche quella originale. Come racconta lo stesso Archimede nel *Metodo*, la sequenza delle sue scoperte fu infatti la seguente:

> Dapprima trovai che ogni sfera è quattro volte maggiore del cono che ha per base il cerchio massimo e per altezza il raggio della sfera.
>
> Poi mi venne in mente che la superficie di ogni sfera fosse quattro volte maggiore di quella della suo cerchio massimo.

In formule:

$$V = 4\,\frac{Ar}{3} \qquad \text{e} \qquad V = 4A.$$

Per derivare la prima formula, Archimede seguì Democrito e considerò le figure solide come libri composti di pagine sottilissime. Metaforicamente parlando, si concentrò su due libri diversi, ma con lo stesso numero di pagine. E si accorse che, sfogliando simultaneamente i due libri, le pagine con lo stesso numero avevano sempre lo stesso contenuto. Dunque, si trattava solo di due edizioni diverse dello stesso libro.

Parlando matematicamente, Archimede considerò, da un lato, una semisfera. E, dall'altro lato, una scodella ottenuta togliendo un cono dal cilindro corrispondente: cioè, un cilindro con base uguale a quella della semisfera, e altezza uguale al raggio. E si accorse che i due solidi avevano lo stesso volume, perché le loro sezioni alla stessa altezza avevano sempre la stessa area.

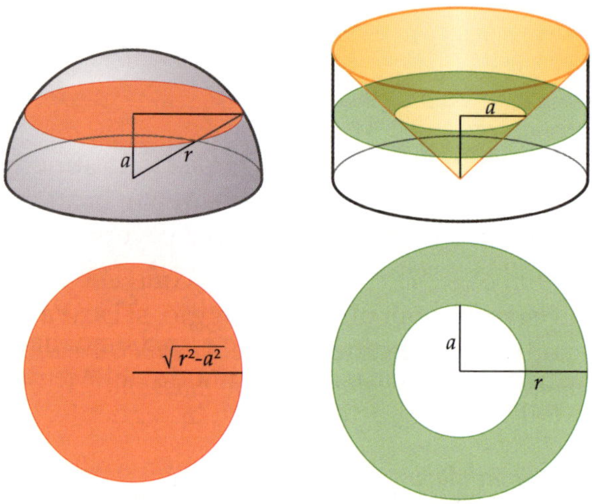

Infatti, una sezione orizzontale della semisfera a un'altezza a da terra è semplicemente un cerchio, il cui raggio è un cateto di un triangolo rettangolo che ha a come altro cateto, e il raggio r come ipotenusa. Una sezione della scodella alla stessa altezza è invece una corona circolare, ottenuta dalla differenza di un cerchio di raggio r, e uno di raggio a.

Per il teorema di Ippocrate, l'area della prima sezione è proporzionale al quadrato del suo raggio, che per il teorema di Pitagora è uguale alla differenza di r^2 e a^2. E l'area della seconda sezione è la differenza delle aree di due cerchi, la prima proporzionale a r^2 e la seconda ad a^2. Dunque, le aree delle due sezioni sono uguali.

Per trovare il volume della semisfera, basta ora calcolare quello della scodella. Ma il volume del cilindro è Ar, e quello del cono un terzo di esso. La semisfera ha dunque un volume pari a due terzi del cilindro, cioè a due coni. In definitiva, come annunciato da Archimede, *una sfera è equivalente a quattro volte il cono che ha per base il cerchio massimo, e per altezza il raggio.*

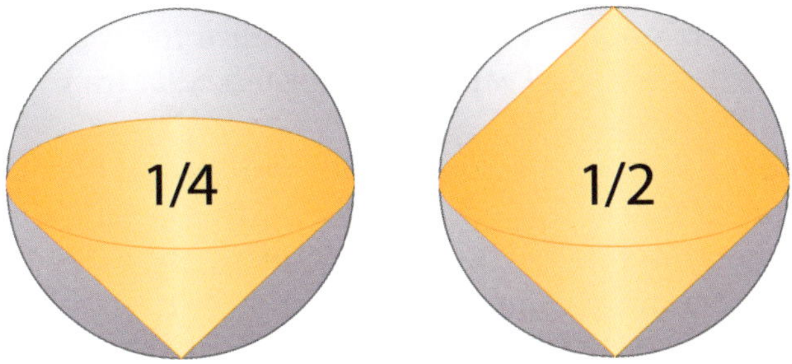

Mettendo questo risultato insieme al precedente, secondo cui una sfera è anche equivalente al cono che ha per base la sua superficie, e per altezza il raggio, si ricava l'altro risultato annunciato da Archimede: *la superficie di una sfera è equivalente a quattro volte il cerchio massimo.*

Affermazioni lapidarie

I risultati di Archimede stabiliscono una relazione tra la sfera e il cono. Volendo, però, si potrebbero riformulare come relazioni tra la sfera e il cilindro.

La dimostrazione precedente mostra infatti che una semisfera è equivalente a due terzi di un cilindro avente per base il cerchio massimo e per altezza il raggio. Dunque, *il volume di una sfera è pari a due terzi del volume del cilindro che la contiene,* avente per base il cerchio massimo e per altezza il diametro.

Inoltre, la superficie della sfera è pari a quattro volte il suo cerchio massimo. E la superficie del cilindro che la contiene è pari a sei volte lo stesso cerchio: due volte per le basi, e quattro volte per la superficie laterale. Quest'ultima, infatti, è pari alla circonferenza massima per l'altezza, che è due volte il raggio: ma la circonferenza per il raggio è pari a due volte l'area, secondo quanto dimostrato da Archimede per il cerchio. Dunque, *la superficie di una sfera è pari a due terzi della superficie del cilindro che la contiene*.

La cosa è notevole, per due motivi. Anzitutto, perché i due rapporti si esprimono semplicemente mediante un numero razionale, senza far intervenire nient'altro. Ma, soprattutto, perché il rapporto è lo stesso sia tra i volumi, che tra le superfici!

Probabilmente Archimede considerava questo doppio risultato il suo capolavoro, visto che lo scelse come epitaffio. Sembra infatti che abbia voluto sulla propria tomba la figura di una sfera inscritta in un cilindro e la scritta «2/3», che riassume il rapporto tra le superfici e i volumi dei due solidi.

Sfera inscritta in un cilindro incisa sul retro della Medaglia Fields.

Nelle *Meditazioni tuscolane*, Cicerone racconta di essere andato in Sicilia come questore nel –75, di aver trovato la tomba e la lapide in cattivo stato, e di averle fatte restaurare. Purtroppo, oggi sono entrambe andate perdute. Ma i risultati di Archimede rimangono, e costituiscono un monumento ben più duraturo.

Sfere d'influenza

A parte quella sulla tomba di Archimede, di sfere se ne trovano parecchie in architettura. Anzitutto, le civiltà più disparate hanno usato le semisfere come cupole naturali ed estetiche per gli edifici. Ad esempio, i Romani per i loro templi, come il Pantheon a Roma. I Bizantini per le loro chiese, come Santa Sofia a Costantinopoli. Gli Arabi per le loro moschee, come Al Aqsa a Gerusalemme. I

La basilica di Santa Sofia a Istanbul.

Il Grande Stupa di Sanchi.

Buddhisti per i loro stupa, come quello di Sanchi in India. I Maya per la costruzione di Chichén Itzá, nello Yucatán, che si suppone possa essere stato un osservatorio astronomico. E i moderni per i loro veri osservatori astronomici, come quelli sul Mauna Kea alle Hawaii.

Passando alle sfere intere, centinaia di esse sono state scolpite dalla cultura di Agua Buena, in Costa Rica, tra il –200 e il 600. Da noi se ne trova una sulla cupola della Basilica di San Pietro, proprio sotto la croce. Di fronte al World Trade Center a New York fu invece posta nel 1971 la *Grande cariatide sferica* di Fritz Koenig, che è sopravvissuta all'attacco dell'11 settembre 2001. E Arnaldo Pomodoro ha disseminato le sue innumerevoli e omonime sfere dorate sull'intera sfera terrestre, giustamente.

Alcune sfere sono state raffigurate in quadri: ad esempio, da Maurits Escher in *Natura morta con sfera riflettente* (1934), *Mano con sfera riflettente* (1935) e *Tre sfere* (1945). Altre sono diventate protagoniste di romanzi, da *Flatlandia* di Edwin Abbott (1884) a *Sfera* di Michael Crichton (1987), nonché dei rispettivi e omonimi film. Un'altra ancora ha tenuto a battesimo il quartetto jazz *Sphere*, così chiamato in onore di Theolonious Monk: il quale, manco a dirlo, di secondo nome faceva appunto «Sphere»!

Sfera scolpita a Agua Buena in Costa Rica.

Arnaldo Pomodoro,
Sfera con sfera, 1990.

Fritz Koenig,
Grande cariatide sferica, 1971.

Maurits Cornelis Escher,
Mano con sfera riflettente, 1935.

Nella vita quotidiana, di sfere se ne trovano quante se ne vogliono. Le biglie dei bambini, ad esempio. Le palle da biliardo, o da bowling, dei bambinoni. Le sfere di cristallo delle veggenti. Le sfere dei cuscinetti per le auto. I pallini di piombo delle cartucce dei cacciatori. E ovviamente le palle da cannone, che sono un po' passate di moda, ma erano sferiche pure loro.

In astronomia, fu Newton a dimostrare nei *Principia* che la sfera è la forma naturale in cui si dispone una quantità sufficiente di materia sotto l'azione gravitazionale. Naturalmente, la Natura lo faceva anche prima che glielo dicesse Newton, e per questo i pianeti e le stelle hanno forma sferica.

La Terra e i suoi dintorni, poi, sono tutto un tripudio di sfere. Andando dall'interno all'esterno, troviamo la litosfera (da *lithos*, «pietra»), la geosfera (da *ge*, «terra») e l'idrosfera (da *hydor*, «acqua»), la magnetosfera (da *magnetis*, «magnete») e l'atmosfera (da *atmos*, «vapore»), la biosfera (da *bios*, «vita») e la noosfera (da *nous*, «mente»). Quest'ultima, ovviamente, se l'è inventata un teologo, Teilhard de Chardin, per indicare la sfera di influenza del pensiero.

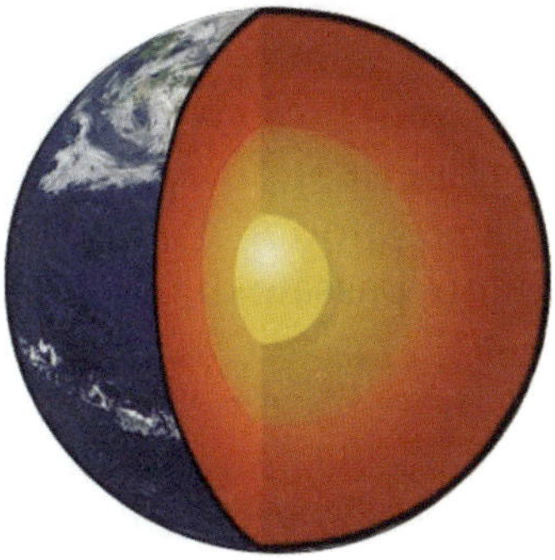

A proposito, l'espressione «sfera d'influenza» sembra sia stata usata per la prima volta nel 1939, nella stesura del Patto Molotov-Ribbentrop, che stabiliva i futuri confini tra l'Unione Sovietica e il Terzo Reich nei Paesi Baltici e in Polonia.

Allontanandoci infine dalla Terra e dalle sue miserie, l'astronomia antica era basata su una serie di *sfere celesti* concentriche e trasparenti, alle quali erano ancorati il Sole, la Luna, i pianeti e le Stelle Fisse. I loro movimenti erano rappresentati da *sfere armillari* (da *armilla*, «cerchio»). E sembra che sia stato lo stesso Archimede a realizzarne un primo modello, progettato nel perduto trattato *Sulla costruzione delle sfere*, e testimoniato dal solito Cicerone.

Come vedremo, il sistema delle sfere celesti fu descritto in maniera definitiva da Tolomeo nell'*Almagesto*. Ma il testo più influente e diffuso in Occidente, dopo i secoli bui, fu il *Trattato sulla Sfera* di John of Holywood, noto come Giovanni Sacrobosco. Dal Duecento al Cinquecento se ne fecero innumerevoli copie, e ancora nel 1581 Cristoforo Clavio gli dedicò l'importante *Commento alla Sfera del Sacrobosco*.

Poiché per i Greci l'astronomia era legata all'armonia, essi credevano che i movimenti degli astri producessero una misteriosa e, ovviamente, celestiale *musica delle sfere*. Benché l'idea sia pitagorica, il primo a parlarne fu il solito Platone, nel solito *Timeo*. Lo stesso Platone ne effettuò poi una trasposizione letteraria nel mito di Er, alla fine della *Repubblica*.

Il tutto divenne musica vera nel Rinascimento, quando fu orchestrato nell'*Armonia delle sfere* dalla Camerata dei Bardi, per le nozze di Ferdinando de' Medici nel 1589. E continua a diventare musica anche oggi, se non più tardi del 2008 il musicista Mike Oldfield ha pubblicato un album intitolato *Music Of The Spheres*.

Più etereo della musica, c'è solo Dio. E fu Borges a osservare, in un saggio intitolato *Pascal*: «La storia non registra dèi conici, cubici o piramidali, ma solo idoli. Mentre la forma della sfera è perfetta, e conviene alla divinità». Puntualmente, il filosofo Senofane, ispiratore e forse maestro di Parmenide, credeva in un unico Dio, di forma perfettamente sferica. Parmenide, a sua volta, traspose la forma sferica all'Essere, che era una versione filosofica del dio di Senofane.

In un altro saggio, lo stesso Borges tracciò la storia de *La sfera di Pascal*, con «il centro dovunque e la superficie in nessun luogo». Questa poetica descrizione di Dio risale al duecentesco *Libro dei ventiquattro filosofi*, variamente attribuito a Ermes Trismegisto, Empedocle e Alain de Lille. E fu usata nel corso dei secoli da una sfilza di «pensatori», che vanno dal cardinale Nicola Cusano e Maestro Eckhart a Giordano Bruno e Pascal, appunto.

La prima grande unificazione

Prima di Archimede, come sappiamo, Ippocrate aveva già dimostrato che la circonferenza C di un cerchio è proporzionale al raggio r, e la sua area A è proporzionale al raggio al quadrato. Ed Euclide aveva aggiunto che la superficie S di una sfera è anch'essa proporzionale al raggio al quadrato, mentre il suo volume V è proporzionale al raggio al cubo. In formule:

$$C = ar \qquad A = br^2 \qquad S = cr^2 \qquad V = dr^3.$$

La teoria del cerchio e della sfera dipendeva dunque da quattro costanti, a prima vista completamente slegate fra loro. Ma Archimede effettuò una sorta di «grande unificazione», che permise di ridurre le quattro costanti a una sola. I risultati che abbiamo visto stabiliscono infatti tre mutue dipendenze tra le quattro grandezze

$$A = \frac{Cr}{2} \qquad S = 4A \qquad V = \frac{Sr}{3}.$$

Basta allora prendere una qualunque delle quattro costanti come fondamentale, perché le altre tre si ottengano in funzione di quella. Storicamente, la scelta cadde sulla costante che lega la circonferenza al diametro, che oggi si indica con π, iniziale di *periphereia*, «periferia» (da *perì*, «intorno», e *phérein*, «portare»). In italiano si chiama «pi greco», ma i Greci ovviamente la chiamavano soltanto «pi». E, comunque, la usavano unicamente come lettera dell'alfabeto, e non come costante matematica legata al cerchio.

La prima apparizione del simbolo π risale al 1647, quando William Oughtred usò π/ρ per indicare il rapporto fra «perimetro e diametro» del cerchio. Analogamente fece nel 1697 David Gregory con π/ρ, per il rapporto fra «perimetro e raggio». William Jones nel 1706 lasciò cadere i denominatori, e usò semplicemente π per «perimetro». Con lo stesso significato, Eulero usò dapprima p nel 1734, e poi c

nel 1736, per «circonferenza», ma si convertì a π nel 1748. Lo stesso aveva fatto Christian Goldbach nel 1742, e dalla metà del Settecento il simbolo divenne comune.

Usando π, le formule di Ippocrate, Euclide e Archimede diventano quelle che conosciamo fin dalle elementari. Probabilmente, però, senza aver mai capito da dove arrivano i numeri coinvolti:

$$C = 2\pi r \qquad A = \pi r^2 \qquad S = 4\pi r^2 \qquad V = \frac{4}{3}\pi r^3.$$

Il 2 nella circonferenza del cerchio è dovuto al fatto che π è definito rispetto al diametro, che è il doppio del raggio.

Il 3 nel volume della sfera deriva dal fatto che il volume è uguale a quello del cono di base $4\pi r^2$ (la superficie della sfera) e di altezza r (il raggio): cioè, a un terzo del cilindro con la stessa base e la stessa altezza.

Il 4 nella superficie della sfera è in realtà un 2 per 2. La superficie della sfera è infatti uguale alla superficie laterale del cilindro corrispondente: cioè, a un rettangolo di base $2\pi r$ (il cerchio massimo della sfera) e di altezza $2r$ (il diametro).

Quanto al valore numerico di π, si vede subito che dev'essere compreso fra 3 e 4. L'esagono inscritto in un cerchio ha infatti un perimetro pari a 6 volte il raggio, o 3 volte il diametro. E il quadrato circoscritto, un perimetro pari a 4 volte il diametro.

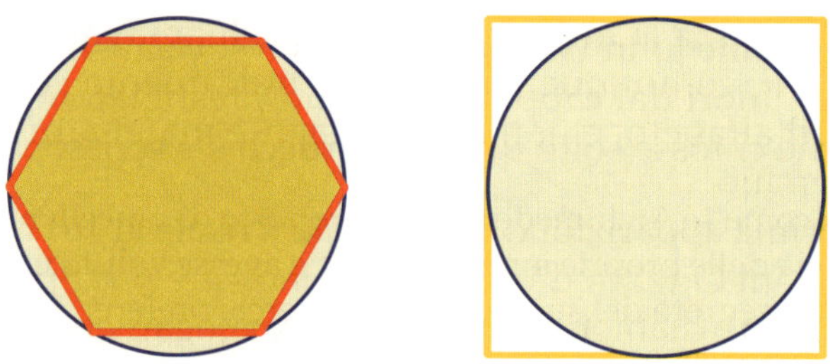

Andare oltre è un'altra faccenda, che appartiene più all'analisi che alla geometria: precisamente, alla teoria delle approssimazioni razionali dei numeri irrazionali. Qui basta ricordare che la più nota di queste approssimazioni per π fu ottenuta da Archimede, tanto per cambiare, nel trattato sulla *Misura del cerchio*. È il famoso 3,14 che tutti conosciamo, ma per arrivarci c'è bisogno di un lungo calcolo analitico che coinvolge poligoni a 96 lati, invece che solo a 4 o 6.

Tanto di cappello (da prete)

Come si è capito, Archimede di cose ne ha fatte parecchie. E, soprattutto, ha avuto la tendenza a esplorare fino in fondo gli argomenti. In particolare, nel trattato *Sulla sfera e il cilindro* generalizzò i risultati sulla superficie e il volume della sfera anche alle parti che si ottengono sezionandola con un piano.

Nel trattato *Sui conoidi e gli sferoidi* li generalizzò invece in un'altra direzione, ai solidi ottenibili per «rivoluzione» di una figura piana attorno a un asse. Che la sfera sia uno di questi solidi era già stato osservato da Euclide, che nella Definizione XI.14 degli *Elementi* l'aveva addirittura *definita* come «il solido ottenuto facendo girare un semicerchio attorno al suo diametro». Anche se, in analogia col cerchio, sarebbe invece stato più naturale definirla come «il solido contenuto in una superficie equidistante da un centro».

Nei suoi trattati Archimede fornisce dimostrazioni formali, leggendo le quali ci si può solo chiedere come diavolo gli fossero venuti in mente i risultati. Persino un matematico come John Wallis, che era uno specialista del tirare teoremi fuori dal cappello come un prestigiatore, sospettava che ci fosse sotto qualche «trucco», e scrisse:

> È come se Archimede si fosse proposto di cancellare ogni traccia delle proprie investigazioni, e avesse voluto nascondere il segreto del suo metodo di ricerca, preferendo estorcere il consenso dei posteri sui suoi risultati.

Ma nel 1906 fu scoperto a Costantinopoli un vecchio palinsesto, proveniente dal Monastero del Santo Sepolcro di Gerusalemme. Sotto lo strato della scrittura più recen-

Il terminal passeggeri dell'aeroporto di Lambert - Saint Louis nel Missouri.

te ce n'era un altro, che era stato lavato, ma non raschiato. E da esso tornarono alla luce molti trattati di Archimede già noti, tra i quali la *Misura del cerchio* e *Sulla sfera e il cilindro*. Ma anche uno sconosciuto, intitolato *Metodo relativo ai problemi meccanici*.

Archimede l'aveva inviato a Eratostene, un matematico del quale parleremo tra non molto. E nel preambolo aveva preventivamente confermato i dubbi di Wallis, confessando:

> Ho ottenuto alcuni dei miei teoremi per via meccanica, anche se poi li ho dovuti dimostrare per via geometrica, perché il primo metodo non fornisce delle vere dimostrazioni. Ma è sicuramente più facile trovarle dopo aver già ottenuto il risultato, che doverle cercare senza averne nessuna idea.

Benché nel *Metodo* Archimede mostri come era arrivato in origine ad alcuni dei suoi teoremi, il vero scopo dell'opera era l'annuncio di un nuovo risultato, relativo a un solido che costituiva una variazione di quelli visti finora. Si trattava del *bicilindro*, o intersezione di due cilindri uguali, ma perpendicolari.

Questa figura è tipica delle volti a botte e a crociera, degli ombrelli quadrati cinesi (chiamati *mouhefanggai*), dei tricorni da prete e delle giunture dei tubi metallici. Ma la sua più spettacolare realizzazione è il terminal passeggeri dell'aeroporto di Saint Louis: una delle prime opere di Minoru Yamasaki, il progettista delle Torri Gemelle di New York.

Tangenti al bicilindro, rispettivamente dentro e fuori, si possono porre una sfera e un cubo. E il risultato di Archimede, ritrovato nel V secolo dal cinese Zu Chongzhi, è che *il volume del bicilindro è due terzi di quello del cubo corrispondente*. Un risultato sorprendente, come spiegò lui stesso, perché costituisce la «cubatura di un solido curvilineo», analoga alla quadratura di una figura curvilinea ottenuta da Ippocrate! I risultati precedenti, invece, si limitavano a ridurre un solido curvilineo a un altro: ad esempio, la sfera a un cono o un cilindro.

Archimede parla solo del volume, ma un secolo fa Charles Steinmetz trovò che anche *la superficie del bicilindro è due terzi di quella del cubo corrispondente*. Guadagnò così per il bicilindro il nome di *solido di Steinmetz*. Ma, a differenza di Archimede, non risulta che se lo sia fatto incidere sulla tomba dentro a un cubo, con la scritta «2/3».

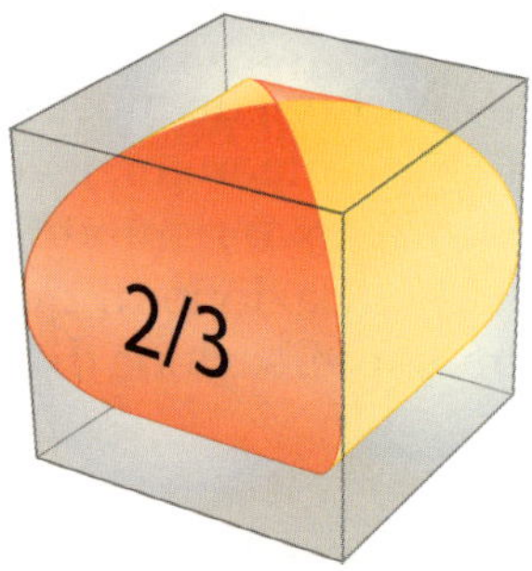

Il risultato sulle superfici è un po' complicato da dimostrare, ma quello sui volumi è elementare. Basta notare che, considerando il bicilindro e la sfera tangente, e tagliando entrambi i solidi con sezioni parallele al piano che contiene gli assi dei due cilindri, si ottiene sempre un quadrato come sezione del bicilindro, e un cerchio tangente come sezione della sfera.

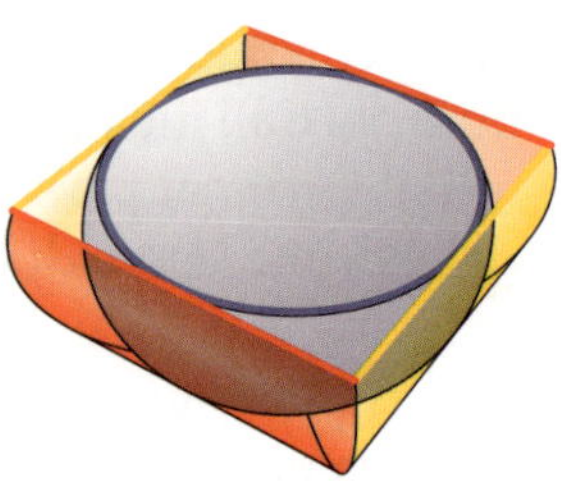

Ora, il rapporto fra l'area di un quadrato e l'area di un cerchio interno tangente è sempre di $4/\pi$. Ne segue che il volume del bicilindro sta a quello della sfera come 4 sta a π, ed è dunque uguale a $16/3\ r3$. E poiché il volume di un cubo di lato $2r$ è $8r3$, il rapporto fra i due è appunto 2/3.

Palla in campo

Il bicilindro è una specie di semisfera a quattro spicchi. Il minimo numero di spicchi è ovviamente tre, come nel Palavela di Torino. E più cilindri con gli assi complanari vengono intersecati a raggiera, più ci si avvicina a una semisfera. Per inciso, questo è esattamente il modo in cui si costruiscono le cupole degli osservatori astronomici, che hanno appunto una caratteristica forma a spicchi.

Il Palavela a Torino.

Osservatorio astronomico di Las Campanas in Cile.

Volendo giocare a palla, è però meglio andare in un'altra direzione e smussare gli angoli dei solidi regolari. La cosa si può fare in molti modi, ma solo alcuni producono un *solido semiregolare*: cioè, avente come facce solo poligoni regolari disposti simmetricamente, benché non necessariamente tutti uguali fra loro.

Archimede esplorò l'argomento sistematicamente, e si accorse che ci sono due modi di effettuare i tagli, illustrati nella seconda e nella terza colonna della figura a pagina seguente:

- Il piano secante può dimezzare i lati, ritagliando su ogni faccia un poligono con lo stesso numero di lati.
  - Dal tetraedro si riottiene un ottaedro, cioè niente di nuovo.
  - Dal cubo e dall'ottaedro si ottiene un *cubottaedro*, a 6 facce quadrate e 8 triangolari.
  - Dal dodecaedro e dall'icosaedro si ottiene un *icosidodecaedro*, a 12 facce pentagonali e 20 triangolari.
- Il piano secante può tagliare i lati in parti più corte della metà, ritagliando su ogni faccia un poligono con un numero di lati doppio. Da ciascuno dei cinque solidi si ottiene una sua versione troncata:

- Un *tetraedro troncato*, a 4 facce triangolari e 4 esagonali.
- Un *cubo troncato*, a 8 facce triangolari e 6 ottagonali.
- Un *ottaedro troncato*, a 6 facce quadrate e 8 esagonali.
- Un *dodecaedro troncato*, a 20 facce triangolari e 12 decagonali.
- Un *icosaedro troncato*, a 12 facce pentagonali e 20 esagonali.

Di questi sette nuovi solidi, un paio dei quali erano già noti a Platone, il più universalmente conosciuto è sicuramente l'ultimo. Non tanto pe rché sia stato raffigurato da Leonardo nel 1509 per *La divina proporzione* di Luca Pacioli, e da Giovanni da Verona nel 1520. Quanto perché, senza saperlo, lo si vede perennemente rotolare nei campi da calcio gonfiato come un pallone, con le dodici facce pentagonali nere, e le venti esagonali bianche. Un bel miglioramento, rispetto alle palle dodecaedriche «fatte di dodici pezze di cuoio», citate da Platone nel *Fedone*.

Leonardo da Vinci, *Icosaedro troncato pieno* e *Icosaedro troncato vacuo*, incisioni per *La divina proporzione* di Luca Pacioli, 1509.

Giovanni da Verona, *Tarsia con armadio aperto*, particolare, fine XV secolo.

Ma la sua applicazione più spettacolare si è avuta nel 1991, quando si è stato annunciato che sessanta atomi di carbonio possono unirsi a formare una molecola (C_{60}) che ha esattamente la forma dell'icosaedro troncato, con ciascun atomo in uno dei vertici, e i legami (singoli o doppi) nei lati. Harold Kroto aveva identificato la molecola in una nebulosa, mentre Robert Curl e Richard Smalley erano riusciti a sintetizzarla in laboratorio.

La nuova struttura fu eletta «molecola dell'anno 1991» dal mensile «Science». E fu battezzata *buckyball* o *fullerene*, in onore dell'architetto Buckminster Fuller, che aveva usato strutture analoghe per la costruzione di cupole geodetiche. Nel 1996 Kroto, Curl e Smalley ricevettero il premio Nobel per la chimica per la scoperta della molecola.

Nel 1999 il gruppo di Anton Zeilinger a Vienna dimostrò che il fullerene è in grado di rimanere in sovrapposizione quantistica di stati, e che la dualità ondulatoria-corpuscolare tipica delle particelle subatomiche si estende fino al livello molecolare.

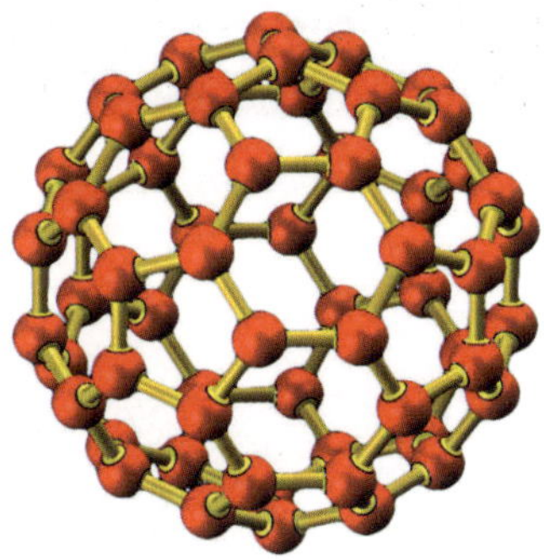

Anche i due primi nuovi solidi della lista precedente, il cubottaedro e l'icosidodecaedro, sono molto interessanti. Anzitutto perché, con ulteriori tagli, generano altri quattro nuovi solidi semiregolari. Il più noto di essi è il *rombicubottaedro*, a 8 facce triangolari e 18 quadrate. Lo si vede nel *Ritratto del matematico fra' Luca Pacioli* di Jacopo de' Barbari, del 1495, che è un capolavoro di riflessione, rifrazione e prospettiva: il solido è infatti sospeso in aria, appeso a un filo, trasparente e mezzo pieno (o mezzo vuoto) d'acqua. Più recentemente, è stato usato come struttura dalla Biblioteca nazionale di Bielorussia a Minsk.

Iacopo de' Barbari, *Ritratto del matematico fra' Luca Pacioli*, 1495.

La Biblioteca nazionale di Bielorussia a Minsk.

L'altro motivo di interesse del cubottaedro e dell'icosidodecaedro è che essi si ottengono, indirettamente, da incastri di solidi regolari. Ci sono tre possibili incastri duali, che danno luogo ai più semplici esempi di *solidi stellati*: cioè, della versione tridimensionale di un poligono stellato. Infatti, come un poligono stellato ha triangoli isosceli sui lati, così un solido stellato ha piramidi rette a base regolare sulle facce.

In particolare, due tetraedri uguali incastrati vicendevolmente, in modo da far uscire i vertici di uno dai centri delle facce dell'altro, danno luogo a una *Stella Octangula*. Cioè, a una versione tridimensionale della Stella di David, che è ottenuta incastrando vicendevolmente due triangoli equilateri. E come la Stella di David è un esagono stellato, così la Stella Octangula è un ottaedro stellato, raffigurato da Escher nel 1949 in *Doppio planetoide*.

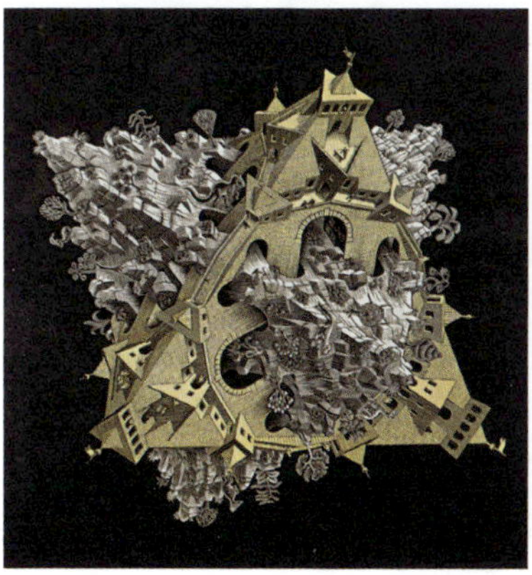

Maurits Cornelis Escher, *Doppio planetoide*, 1949 e *Stelle*, particolare, 1948.

Intersecando un cubo e un ottaedro, si ottiene invece un *cubottaedro stellato*. E intersecando un dodecaedro e un icosaedro, si ottiene un *icosidodecaedro stellato*. I due incastri sono stati raffigurati nel 1568 da Wenzel Jamnitzer nella sua singolare *Prospettiva dei corpi regolari*. Nel 1961 Escher li ha riuniti in *Quattro solidi regolari*, che grazie ai colori e ai

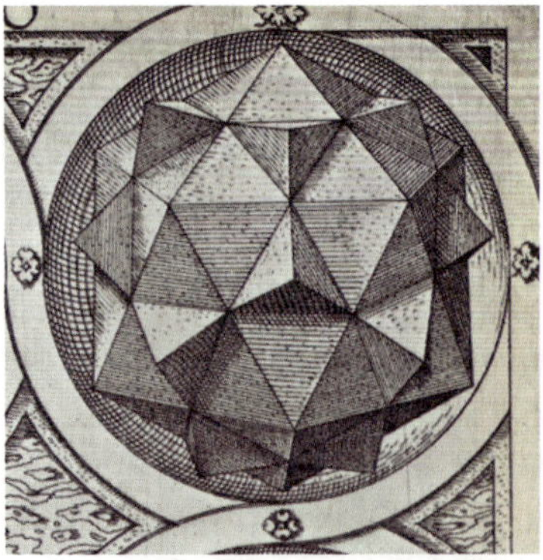

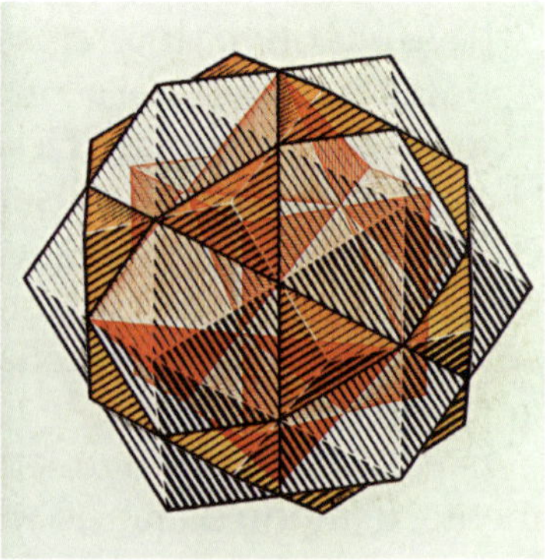

Icosidodecaedro stellato dalla *Prospettiva dei corpi regolari* di Wenzel Jamnitzer, 1568.
Maurits Cornelis Escher, *Quattro solidi regolari*, 1961.

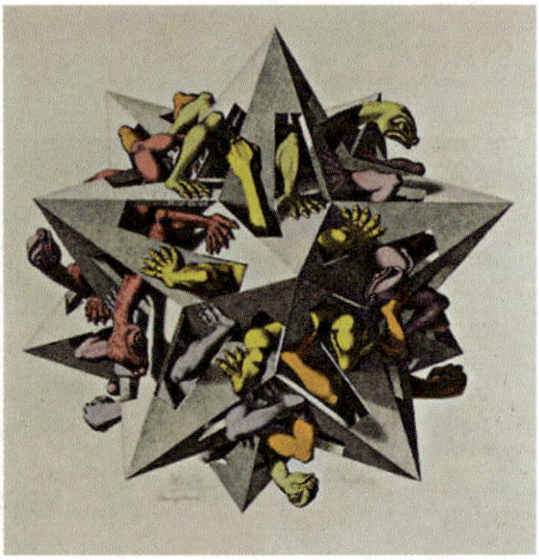

Pavimento intarsiato della basilica di San Marco a Venezia, XIII secolo.
Maurits Cornelis Escher, *Gravità*, 1952.

Lucio Saffaro, *Programma di combinazione di poliedri platonici omocentrici*, 1984.
Nella pagina accanto:
Sei dodecaedri manuali e *Cento icosaedri* computerizzati.

tratteggi permette di vedere in una stessa figura sia i quattro solidi individuali, che le loro due intersezioni.

Non appena si allarga lo sguardo, come si vede, si apre un vaso di Pandora. Di solidi regolari ce n'erano solo cinque, ma di semiregolari ce ne sono tredici, tutti studiati da Archimede. Tredici loro duali sono stati identificati da Eugène Catalan nel 1865. E una lista esaustiva di novantadue solidi quasi regolari, oltre a quelli regolari e semiregolari, è stata stilata nel 1966 da Norman Johnson.

Quanto ai solidi stellati, nel 1619 Keplero ne identificò altri due. Uno, il *piccolo dodecaedro stellato*, è intarsiato sul pavimento di San Marco a Venezia, su disegno attribuito a Paolo Uccello, degli inizi del Quattrocento. E lo si vede in almeno due opere di Escher: *Ordine e caos* del 1950, e *Gravità* del 1952. L'altro, il *grande dodecaedro stellato*, si trova sulla cupola della sacrestia di San Pietro a Roma, proprio sotto la croce. E ce ne sono altri due, identificati nel 1809 da Louis Poinsot.

Di incastri di solidi regolari, invece, nel 1976 John Skilling ne ha classificati settantacinque. Ma, liberalizzando un po' le regole, se ne possono fare quanti se ne vogliono. Ad esempio, Lucio Saffaro fece nel 1975 *Sei dodecaedri* manuali, e nel 1984 *Cento icosaedri* computerizzati.

Per inciso, Saffaro è stato forse l'artista che ha disegnato il maggior numero di poliedri, più o meno regolari. In particolare, il suo *Tractatus logicus prospecticus* del 1966 raccoglie centinaia di disegni a china, significativamente chiamati «teoremi».

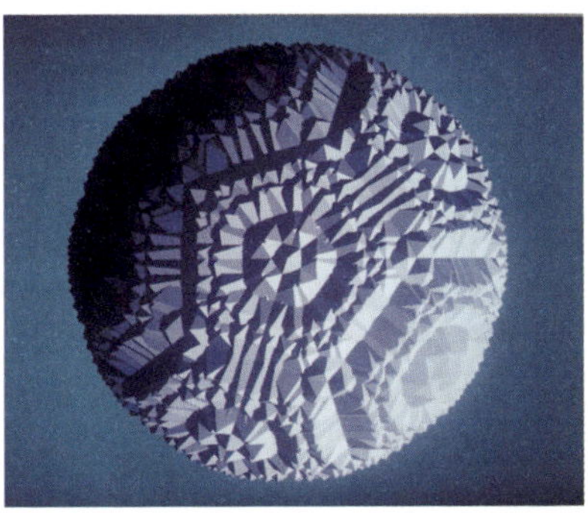

IX

Oggi le coniche

Menecmo, Aristeo e Apollonio

Innumerevoli testimonianze confermano il fascino esercitato dalle fiamme sugli antichi. E una delle più avvincenti è la presenza del fuoco sacro perenne che ardeva nei templi di Estia a Olimpia, e di Vesta a Roma. Il compito di accudire al focolare era affidato, nei due casi, a una congregazione di «suore»: vedove nel primo caso, e vergini nel secondo.

Entrambe le tradizioni ignee risalgono almeno al secolo –VIII. In Grecia, nel –776 si tenne a Olimpia la prima edizione dei giochi, che presero poi il nome di Olimpiadi. E per più di un millennio, fino alla soppressione cristiana delle gare nel 393, ogni quattro anni la cerimonia di apertura accese un nuovo e temporaneo fuoco sacro nel tempio di Era, moglie-sorella di Zeus. La formula, ripetuta ancor oggi nelle moderne Olimpiadi, recitava:

> Apollo, dio del Sole e della Luce, manda i tuoi raggi e accendi la sacra torcia.
>
> E tu, Zeus, da' pace a tutti i popoli della Terra, e incorona i vincitori della sacra corsa.

A Roma, invece, nel –715 fu eletto re Numa Pompilio, a cui si attribuiscono la costruzione del tempio di Vesta e l'istituzione delle Vestali. Secondo una tradizione riportata da Plutarco nella *Vita di Numa Pompilio*, e ripresa da Newton nel *Sistema del mondo*, la forma circolare del tempio indicava la forma sferica dell'universo. E il fuoco perenne al suo centro, il Sole. Dunque, l'insieme costituiva una raffigurazione *ante litteram* della teoria eliocentrica di Aristarco e Copernico.

Alle calende di marzo, il primo giorno del mese, il fuoco

Tempio di Vesta nel Foro Romano a Roma.

Accensione della fiaccola a Olimpia
per i Giochi giovanili del 2010 a Singapore.

perenne di Vesta veniva rinnovato in un'apposita cerimonia. E la nuova scintilla veniva appiccata con una parabola di bronzo levigata, che concentrava i raggi solari in un unico punto. Lo stesso metodo era usato per l'accensione del braciere olimpico, che ardeva durante i giochi ellenici. E a partire dal 1936 è stato riesumato per accendere, nel luogo dell'antico tempio di Era, la fiaccola della staffetta che porta il fuoco da Olimpia alla sede dei giochi.

Ritorno a Delo

Se le due tradizioni precedenti sono veritiere, la parabola e le sue proprietà focali devono essere state scoperte molto presto. Sicuramente, comunque, non sono posteriori al –350 circa, quando un tal Menecmo le usò per risolvere il problema della duplicazione del cubo. Incontrando la disapprovazione di Platone, ovviamente, visto che le parabole non possono essere disegnate con riga e compasso.

La soluzione al problema si può dare usando due parabole, oppure una parabola e un'iperbole. Sappiamo che Menecmo usò il secondo metodo: dunque, conosceva entrambe le curve. Le quali, comunque, sono abbastanza naturali non solo da considerare teoricamente, ma anche da approssimare praticamente mediante la riga e il compasso.

Ad esempio, la *parabola* si ottiene quando si mettono in fila sulle ascisse le successive soluzioni del problema della moltiplicazione del quadrato, e le si riportano come ordinate su rette parallele equidistanti.

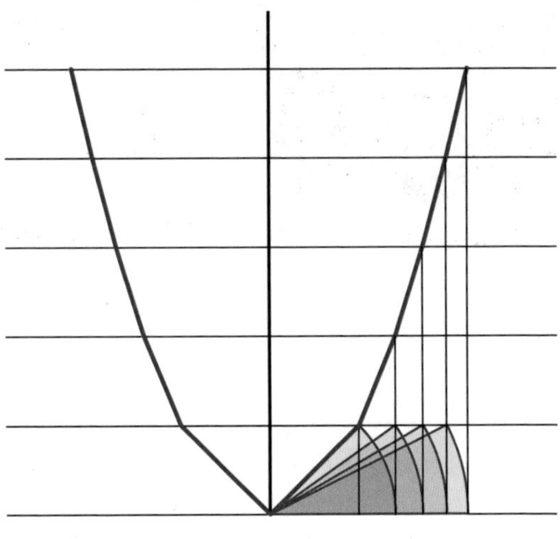

L'*iperbole*, invece, si ottiene quando si distribuisce un quadrato in rettangoli con la stessa area. Ad esempio, con base doppia, ma altezza metà. O base tripla, ma altezza un terzo. Eccetera.

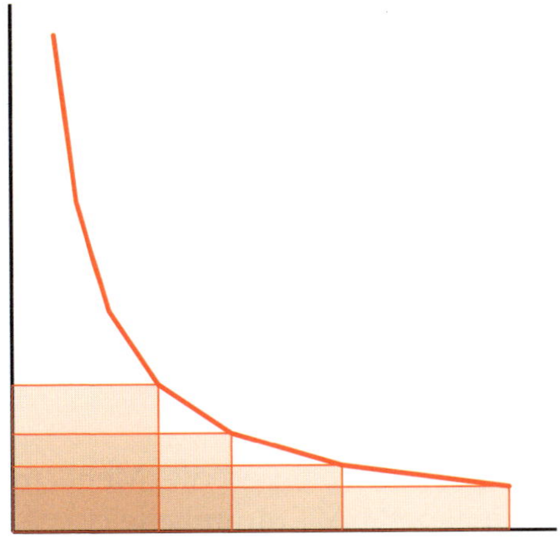

Alla soluzione del problema della duplicazione del cubo si arriva intersecando una parabola costruita a partire da un quadrato qualunque, e un'iperbole costruita a partire da un quadrato di area doppia. Nei termini algebrici ai quali siamo abituati noi, questo equivale a risolvere geometricamente l'equazione

$$x^2 = \frac{2}{x}\text{, cioè appunto } x^3 = 2.$$

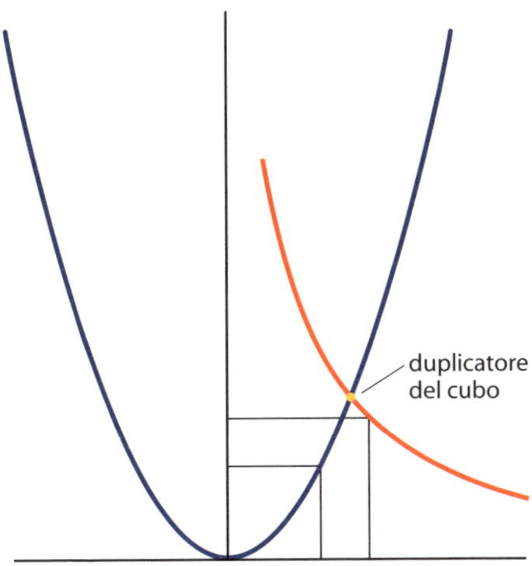

In maniera analoga si possono affrontare anche i problemi della trisezione dell'angolo e della costruzione dell'ettagono regolare, che sono tutti riconducibili a soluzioni di equazioni di terzo grado: il primo fu risolto da Apollonio un secolo dopo Menecmo, e il secondo da Abu Sahl verso il 1000. Ma non si può quadrare il cerchio in questo modo, perché il problema non è riconducibile a equazioni algebriche di nessun grado.

Modi affettati

Studiando la parabola e l'iperbole, Menecmo si accorse di qualcosa di inaspettato. Entrambe le curve, benché definite in maniera molto diversa tra loro, avevano un aspetto comune. Si potevano, cioè, ottenere sezionando un cono perpendicolarmente a un bordo.

Precisamente, la parabola si otteneva da un cono retto, e per questo prese il nome di *orthotome*, «sezione di cono retto» (da *orthos*, «retto», e *tome*, «taglio»). L'iperbole, invece, si otteneva da un cono ottuso, e per questo prese il nome di *amblytome*, «sezione di cono ottuso» (da *amblys*, «ottuso»). E poiché esistevano anche i coni acuti, Menecmo chiamò le loro sezioni perpendicolari a un bordo *oxytome*, «sezione di cono acuto» (da *oxys*, «acuto»).

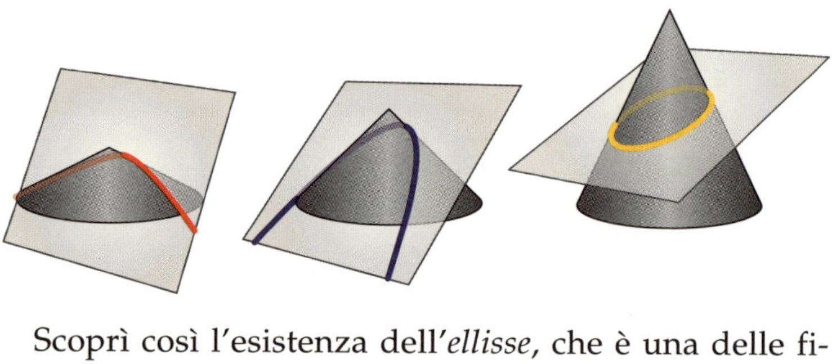

Scoprì così l'esistenza dell'*ellisse*, che è una delle figure più note e versatili, dopo i poligoni e il cerchio. Talmente nota, che è diventata persino la bottiglia del cognac Ellipse di Hennessy. E talmente versatile, che può addirittura fungere da ala per gli aerei.

In architettura, una delle sue più antiche realizzazioni è il Colosseo. Sempre a Roma, il Bernini tracciò Piazza San Pietro approssimando un'ellisse mediante quattro archi circolari. Lo stesso fecero gli urbanisti di Washington per l'Ellipse, l'enorme prato che confina con quello circolare della Casa Bianca. Anche la cupola del Campidoglio, sede del Parlamento degli Stati Uniti, ha sezione verticale ellittica, così come quella di Saint Paul a Londra. Quella del santuario di Vicoforte a Mondovì ha invece sezione orizzontale ellittica, ed è la più grande del genere.

Piazza San Pietro a Roma.

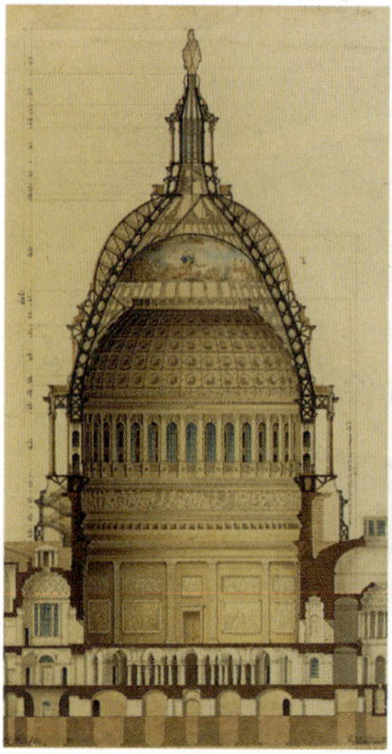

Sezione del Campidoglio di Washington.
Cupola del santuario di Vicoforte a Mondovì.

Le parabole sono invece più difficili da incontrare in architettura. L'applicazione più tipica la si trova nei ponti a sospensione con tiranti, come il Golden Gate Bridge di San Francisco o il ponte di Clifton a Bristol.

I ponti a sospensione senza tiranti, invece, si dispongono secondo una curva simile alla parabola, ma sottilmente diversa. Si tratta della *catenaria*, che prende il nome dal modo in cui si dispone una catena appesa per gli estremi. Antoni Gaudí ne fece un sistematico uso implicito nella progettazione della Sagrada Familia di Barcellona. Ma l'esempio più spettacolare ed esplicito è il Gateway Arch che funge da Porta dell'Ovest a Saint Louis, nel Missouri.

A fuoco la direttrice

La scoperta di Menecmo permise di vedere la parabola, l'iperbole e l'ellisse come appartenenti a un'unica famiglia di curve, che vennero chiamate per ovvi motivi *sezioni coniche*. Esse costituirono l'esempio archetipico dei cosid-

Il Golden Gate, a San Francisco.

Il Gateway Arch a Saint Louis nel Missouri.

Sotto, a sinistra, le catenarie che servirono da modello ad Antoni Gaudì per il progetto della Sagrada Familia, a destra.

detti *luoghi solidi*: cioè, di curve bidimensionali, che erano però generate attraverso solidi tridimensionali.

Questo spiegò perché le sezioni coniche avessero portato così facilmente alla soluzione di un problema quale la duplicazione del cubo, che è per l'appunto solido. Ma fece anche considerare come intrinsecamente «solidi» (o, come diremmo noi, di terzo grado) problemi quali la trisezione dell'angolo o la costruzione dell'ettagono regolare. Problemi, cioè, che a prima vista sembravano piani, ma si potevano appunto risolvere soltanto con l'uso di luoghi solidi.

In ogni caso, la parabola, l'iperbole e l'ellisse sono sicuramente curve piane, ed era necessario poterle descrivere come tali. Un sorprendente metodo per farlo fu trovato da Aristeo, che visse tra il –350 e il –300 circa: cioè, dopo Menecmo e prima di Euclide. In un perduto trattato sui *Luoghi solidi*, egli si accorse infatti che *la parabola è il luogo dei punti equidistanti da un punto e una retta*.

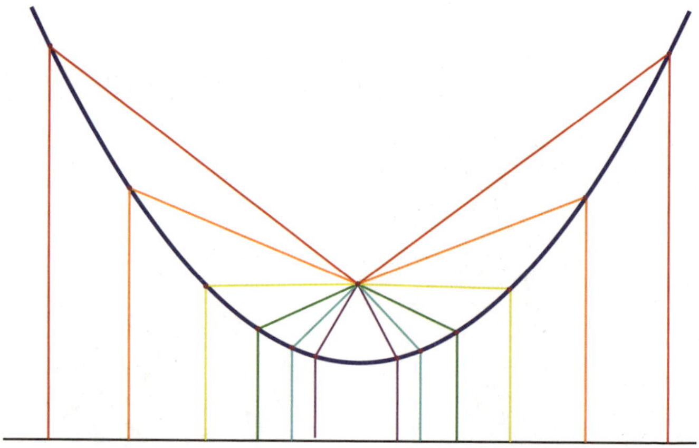

E poiché le distanze dal punto convergono tutte in esso, e le distanze dalla retta sono tutte parallele, Aristeo scoprì che uno specchio parabolico aveva una doppia proprietà. Da un lato, faceva convergere tutti i raggi paralleli del Sole in quell'unico punto, che per questo venne chiamato *fuoco* da Keplero nell'*Ottica* del 1604. Dall'altro lato, un lume posto nel fuoco non disperdeva luce e calore in tutte le direzioni, ma direzionava tutti i raggi perpendicolarmente a quell'unica retta, che per questo venne chiamata *direttrice*.

Il primo trattato *Sugli specchi ustori* pervenutoci è dovuto a Diocle, e risale a un secolo dopo. Ma la loro scoperta risale appunto al periodo di Menecmo e alle sue osservazioni. Essa fu messa in pratica poco dopo nella costruzione di quella letterale meraviglia del mondo che fu il Faro di Alessandria, la cui luce si dice arrivasse a cinquanta chilometri di distanza. E poi, come abbiamo già ricordato, fu sistematicamente impiegata nell'accensione del fuoco olimpico.

Nel 1668 Newton usò uno specchio parabolico per costruire il suo *telescopio a riflessione*, che permise di eliminare l'aberrazione cromatica dei telescopi a rifrazione come quelli usati da Galileo, e cambiò la storia dell'astronomia. E oggi, naturalmente, le superfici paraboliche sono usate regolarmente, dai fari delle automobili alle antenne della televisione. Queste ultime, addirittura, ormai si chiamano semplicemente «parabole», appunto.

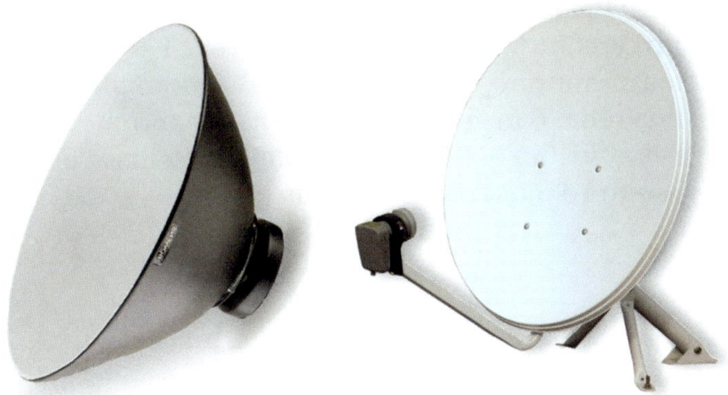

Ma torniamo ad Aristeo, perché non ha ancora finito di sorprenderci. Egli si accorse, infatti, che il fuoco e la direttrice permettevano di descrivere uniformemente non solo le parabole, ma tutte le sezioni coniche:

- I punti la cui distanza dal fuoco è *uguale* alla distanza dalla direttrice, in un rapporto fisso pari a 1, costituiscono una *parabola*.
- I punti la cui distanza dal fuoco è *maggiore* della distanza dalla direttrice, in un rapporto fisso compreso tra 1 e l'infinito, costituiscono un'*iperbole*.
- I punti la cui distanza dal fuoco è *minore* della distanza dalla direttrice, in un rapporto fisso compreso tra 0 e 1, costituiscono un'*ellisse*.

Naturalmente, mentre un rapporto fra grandezze può essere uguale a 1 in un solo modo, può essere maggiore o minore di 1 in infiniti modi. Questo fa sì che ci sia sostanzialmente solo *una* parabola, mentre ci sono *infinite* iperboli ed ellissi. E fa anche sì che la parabola sia il punto di separazione fra le famiglie delle iperboli da un lato, e delle ellissi dall'altro.

In altre parole, tutte le parabole hanno la stessa forma, e differiscono solo per la grandezza o la scala, determinata dalla distanza tra il fuoco e la direttrice. Le iperboli e le ellissi possono invece essere sostanzialmente diverse fra loro nella forma, a seconda del rapporto fra le distanze dal fuoco e dalla direttrice.

Questo rapporto si chiama *eccentricità*. Man mano che si avvicina a 0, l'ellisse si rimpicciolisce e assomiglia sempre più a un cerchio. Viceversa, man mano che l'eccentricità si avvicina all'infinito, l'iperbole si apre e assomiglia sempre più a una retta. E in entrambi i casi, man mano che l'eccentricità si avvicina a 1, sia l'iperbole che l'ellisse assomigliano sempre più a una parabola.

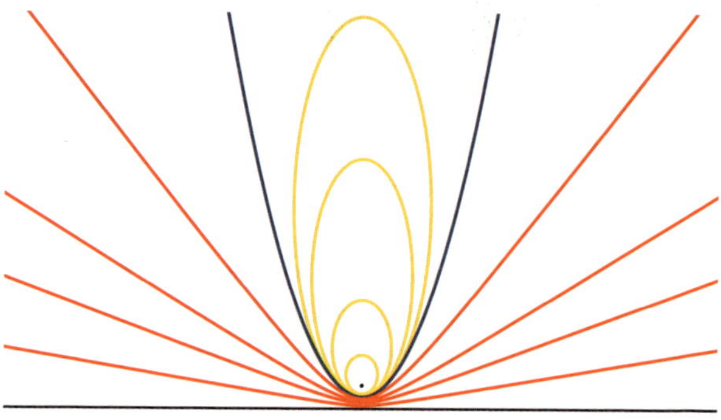

Due parabole sulla quadratura

Vista la sua ecletticità, non stupisce che Archimede abbia studiato anche le sezioni coniche. Ma è interessante che egli riferisca, nel *Metodo*, che il primo risultato che ottenne in «maniera meccanica» fu appunto il calcolo dell'area di un segmento di parabola. Non di tutta, ovviamente, perché si tratta di una figura aperta e infinita.

Sia la dimostrazione meccanica che l'equivalente dimostrazione geometrica sono riportate nel trattato sulla *Quadratura della parabola*. La prima è, come al solito, semplice e geniale. Ad esempio, per valutare il segmento di parabola determinato dal quadrato che la definisce, si «pesano» da una parte l'area sotto la parabola, e dall'altra il triangolo che dimezza il quadrato, su una bilancia il cui fulcro sta nel mezzo delle due figure.

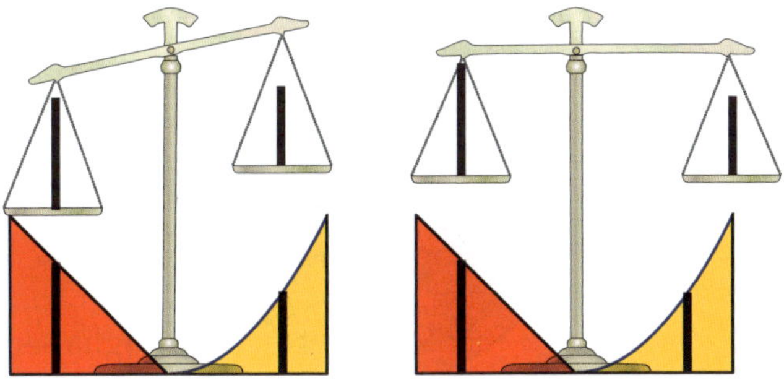

L'idea di Archimede fu di considerare sia la parabola che il triangolo come costituiti da sbarrette verticali, aventi un peso proporzionale alla loro lunghezza. A una data distanza dal fulcro, la parabola pesa su un braccio in maniera proporzionale al quadrato della distanza, e il triangolo pesa sull'altro braccio in maniera proporzionale alla distanza stessa. La bilancia non è dunque in equilibrio. Ma se si sposta la sbarretta della parabola all'estremo del quadrato, e si lascia al suo posto la sbarretta del triangolo, i due pesi si bilanciano e stanno in equilibrio. Il motivo, in termini algebrici, è semplicemente che $x^2 \cdot 1 = x \cdot x$.

La conclusione è che la parabola, concentrata tutta all'estremo del quadrato, «pesa» tanto quanto il triangolo, lasciato al suo posto. Ovvero, quanto l'intero triangolo concentrato nel suo *baricentro*, che prende appunto il nome da *barion*, «peso», per questa sua proprietà.

Ora, l'area del triangolo è 1/2 di quella del quadrato. E vedremo che il baricentro del triangolo è a 2/3 del lato del quadrato, a partire dal fulcro. Dunque, il triangolo pesa sul fulcro 1/3 del quadrato, e lo stesso pesa l'area *sotto* la parabola.

Ma a noi interessa l'area *sopra* la parabola, che dunque pesa 2/3 di quella del quadrato. Considerando l'intera figura, e non soltanto metà, si ottiene che *l'area di un segmento di parabola è pari a 2/3 di quella del rettangolo corrispondente*. Ricompare così il magico e «tombale» numero 2/3. E Archimede ha di nuovo ottenuto una vera quadratura, riducendo l'area di una figura curvilinea (la parabola) all'area di una figura rettilinea (il rettangolo).

Come si vede, la dimostrazione è simile a quella già data per il volume della sfera. Ma è più complicata, perché questa volta le sezioni non hanno semplicemente la stessa lunghezza, e bisogna dunque bilanciarle. E per far questo bisogna conoscere il baricentro del triangolo. Archimede dedicò all'argomento il trattato *Sull'equilibrio dei piani*, nel quale calcolò i baricentri di tutto ciò che può venire in mente a noi, e molto di quello che poteva venire in mente a lui: parallelogrammi, triangoli, trapezi e segmenti parabolici.

Fortunatamente, il risultato citato sopra per i triangoli è abbastanza semplice. Si deduce infatti da due osservazioni:

- *Il baricentro di un triangolo sta su ogni mediana.*
  Ciascuna mediana divide infatti il triangolo in due triangolini che hanno area uguale, perché hanno come altezza quella del triangolo, e come base la metà del lato.

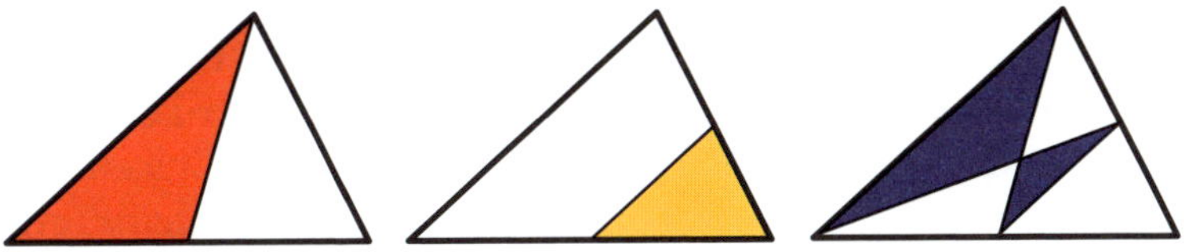

- *Il baricentro di un triangolo taglia ogni mediana a 2/3 della sua lunghezza.*
  Anzitutto, il triangolino individuato dai punti mediani di due lati è simile a quello di partenza. E poiché ciascun lato piccolo è metà di quello grande, lo è anche la base.
  Inoltre, i triangolini individuati da due mediane sono simili fra loro. E poiché la base piccola è metà di quella grande, anche i lati stanno nello stesso rapporto.

Nel trattato *Sui conoidi e gli sferoidi*, Archimede calcolò anche l'*area dell'ellisse* di semiassi a e b. Questa volta, si può facilmente riusare lo sporco trucco che abbiamo già usato altre volte. E notare che, poiché l'ellisse non è altro che un cerchio schiacciato del rapporto tra a e b, in una direzione tutto si contrae di quello stesso rapporto, mentre nell'altra direzione tutto rimane invariato. Dunque, l'area dell'ellisse è

$$A = \pi a b,$$

e si riduce a quella del cerchio nel caso in cui a e b siano uguali fra loro e al raggio.

Diversamente da quel che si potrebbe pensare, invece, la circonferenza dell'ellisse non si ottiene affatto facilmente dalla circonferenza del cerchio. In particolare, non corrisponde assolutamente alla formula

$$C = \pi(a+b),$$

benché questa sia una sua approssimazione. Anzi, il valore esatto della circonferenza dell'ellisse non si ottiene affatto con facilità, in nessun modo. Solo nel Settecento si è sviluppata nell'analisi la teoria degli *integrali ellittici*, che permette di trattare il problema.

Neppure l'*area dell'iperbole* si può ottenere facilmente, benché la cosa non sia così complicata come per la circonferenza dell'ellisse. Ancora una volta, solo nel Seicento si è sviluppata, sempre nell'analisi, la teoria dei *logaritmi* che permette di determinarla.

Come si vede, Archimede ha avuto fiuto nell'affrontare i problemi che si potevano risolvere ai suoi tempi, e nell'accantonare quelli che ancora non erano maturi per la falce. Onore al merito, perché anche questo è un segno del genio.

Il battesimo di Apollonio

Benché molti dei risultati sulle sezioni coniche fossero stati ottenuti prima di Euclide, egli non ne fa menzione negli *Elementi*. All'argomento dedicò infatti un trattato autonomo, oggi perduto, intitolato *Coniche*. Che però, ovviamente, non poteva contenere i risultati dimostrati in seguito, a partire da quelli di Archimede.

Il testo di riferimento dell'antichità non è dunque il suo, ma quello posteriore di Apollonio: un matematico vissuto tra il –250 e il –200, di cui si conosce poco o niente. E che non va confuso con i tanti Apolloni dell'Era dell'Olimpo, analoghi ai tanti Cristiani o Gesualdi dell'Era del Golgota.

Oltre all'appellativo di Grande Geometra, l'unica cosa che ci è pervenuta di lui sono le opere. E quella principale è appunto un trattato sulle *Coniche* in 387 proposizioni e otto libri, i primi quattro dei quali basati sull'omonimo trattato di Euclide. Una specie di contrappasso, o di «chi la fa l'aspetti», visto che anche i primi quattro libri degli *Elementi* di Euclide erano probabilmente basati sull'omonimo trattato di Ippocrate.

Anzitutto Apollonio si accorse che, per ottenere ellissi,

parabole e iperboli, non c'è bisogno di considerare solo sezioni perpendicolari al bordo di coni acuti, retti o ottusi: si possono considerare sezioni qualunque, di coni qualunque. In particolare, un piano secante non passante per il vertice produce:

- Un'*ellisse*, se è meno inclinato del bordo.
- Una *parabola*, se è parallelo a un bordo.
- Un'*iperbole*, se è più inclinato del bordo.

La cosa si può verificare facilmente, puntando su un muro una pila, con diverse inclinazioni, e osservando le diverse figure prodotte dal fascio di luce conico. Oppure, osservando le ombre prodotte sui muri e sul soffitto dai paralumi e dalle lampade da tavolo.

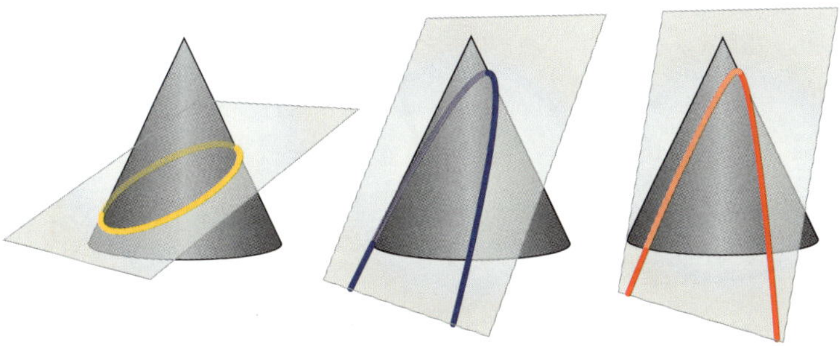

Dopo questa scoperta, Apollonio ribattezzò le sezioni coniche con nomi che rimangono in vigore ancor oggi. Cioè, chiamò *parabola* la sezione ottenuta con un piano «tirato a fianco», o «adiacente», al cono (da *para*, «accanto», e *ballein*, «tirare»). *Iperbole* quella ottenuta con un piano «tirato oltre», o «eccedente» (da *hyper*, «oltre»). Ed *ellisse* quella ottenuta con un piano «omettente», o «mancante» (da *leipein*, «omettere»).

Essendo suggestivi, i nomi furono adottati non soltanto per le figure geometriche, ma anche per quelle retoriche. Una parabola diventò così un racconto allegorico, che persegue il suo fine (in genere morale) attraverso una via implicita e indiretta, parallela a quella esplicita e diretta. Un'iperbole un modo di espressione caratterizzato dall'eccesso o dall'esagerazione. E un'ellissi uno definito invece dall'omissione o dalla concisione.

La visione di Apollonio delle sezioni coniche permise di includere fra di esse anche il *cerchio*, che è la particolare ellisse prodotta da un piano secante orizzontale, cioè perpendicolare all'asse del cono. Ma incluse anche altre «coniche degeneri», perché un piano secante passante per il vertice del cono produce:

- Un *punto*, se è meno inclinato del bordo.
- Una *retta*, se è tangente a un bordo.
- Una *coppia di rette incidenti*, se è più inclinato del bordo.

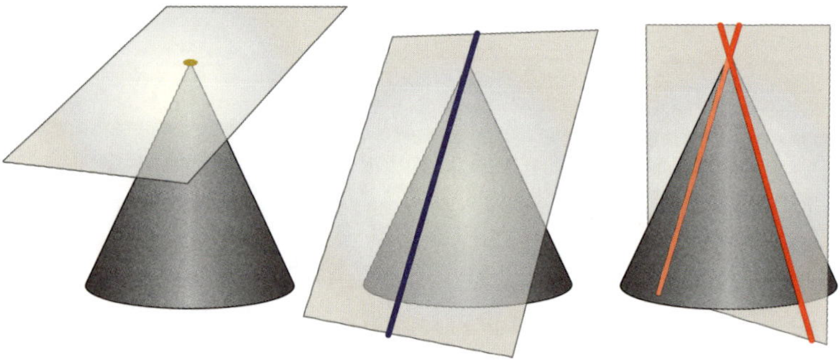

Apollonio si accorse poi che le sezioni coniche si ottenevano sezionando non soltanto coni, ma anche cilindri. In questo caso, un piano secante produce:

- Un'*ellisse*, se non è parallelo al bordo.
- Una *retta*, se è tangente a un bordo.
- Una *coppia di rette parallele*, se è parallelo, ma non tangente, al bordo.

Una semplice verifica la si può fare osservando le fette di un salame, tagliate più o meno perpendicolarmente alla lunghezza. O la superficie del liquido in un bicchiere cilindrico, più o meno inclinato rispetto alla verticale. Meno culinariamente, si può ammirare la forma del Planetario Tycho Brahe a Copenaghen.

Il Planetario Tycho Brahe a Copenaghen.

La cosa non mi tange

Che sezionando un cilindro si ottengano sezioni coniche non sorprende, col senno di poi, perché in fondo un cilindro non è altro che un «cono col vertice all'infinito».

Per vedere, simmetricamente, un cono come un «cilindro strozzato», bisogna invece pensarlo doppio, con il bordo esteso da entrambe le parti del vertice. In tal modo, si scopre che in realtà *l'iperbole si compone di due parti disgiunte*, perché un piano più inclinato del bordo interseca entrambe le parti del cono.

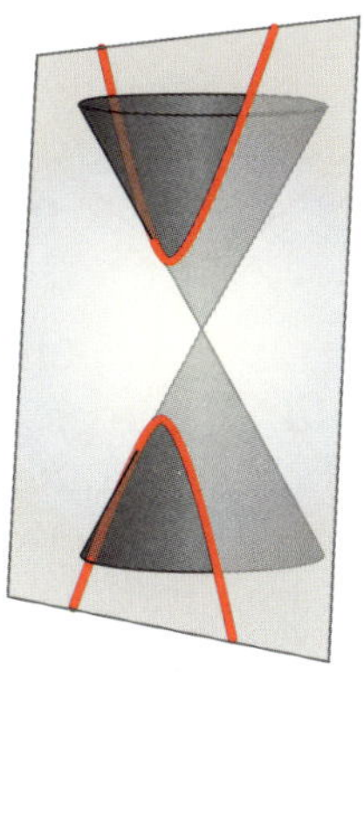

Soprattutto, si scopre che *l'iperbole è contenuta dentro una coppia di rette incidenti, alle quali si avvicina sempre più nelle due direzioni, senza mai arrivare a toccarle*. Le due rette sono ovviamente l'immagine del bordo del cono, riflessa sul piano secante. E si chiamano appropriatamente *asintoti*, «non tangenti» (da *a*, «non», *syn*, «con», e *piptein* «toccare»).

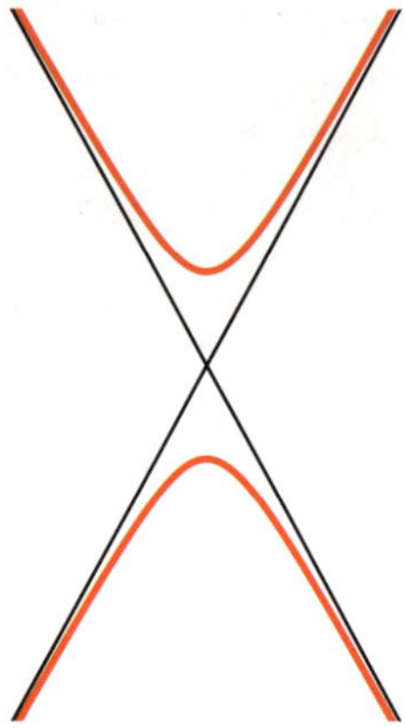

Nel caso che il cono sia retto, i due asintoti sono perpendicolari e l'iperbole si chiama *rettangola* o *equilatera*. E costituisce, per le iperboli, l'analogo di ciò che i cerchi sono per le ellissi. In entrambi i casi la forma della figura è sempre la stessa, e cambia soltanto la scala. In particolare, tutte le iperboli rettangole hanno eccentricità $\sqrt{2}$, e tutti i cerchi 0.

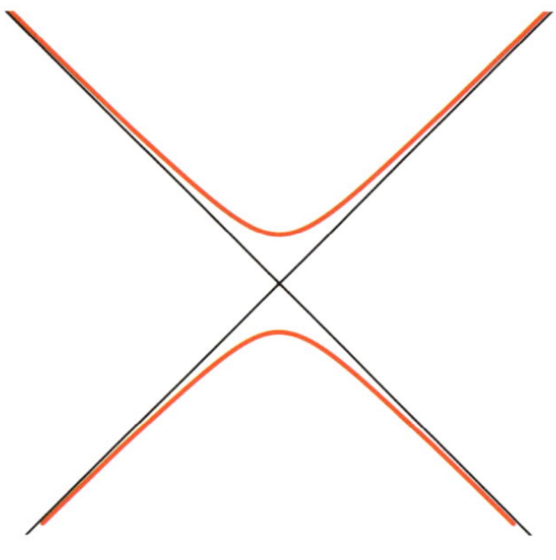

Presi fra due fuochi

Che l'iperbole avesse due rami, lo si poteva dedurre già dalla rappresentazione mediante fuoco e direttrice. Dato un punto con un'eccentricità maggiore di 1, ne esiste infatti sempre un altro con la stessa eccentricità, dalla parte opposta della direttrice. E i due punti stanno sui due rami della stessa iperbole.

Analogamente, dato un punto con un'eccentricità minore di 1, ne esiste sempre un altro con la stessa eccentricità, dalla parte opposta del fuoco. Anche in questo caso, i due punti stanno su due rami della stessa ellisse. Ma, diversamente dall'iperbole, i due rami di un'ellisse non sono disgiunti, bensì incollati fra loro, e formano una figura chiusa.

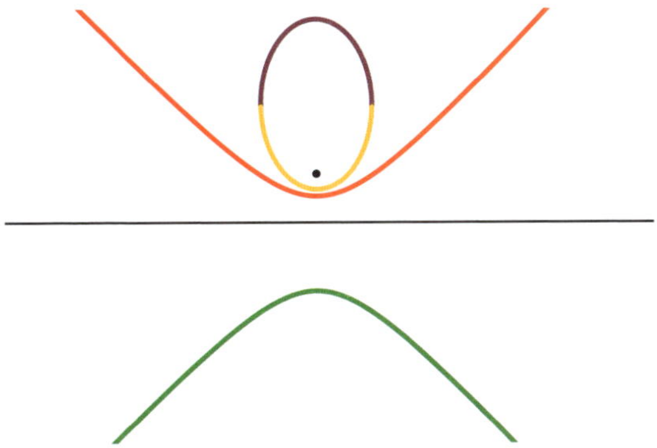

I due rami dell'iperbole, così come quelli dell'ellisse, sono simmetrici fra loro. Questo fa sì che, in entrambi i casi, le due figure si possano in realtà descrivere anche rispetto a un altro fuoco e un'altra direttrice, simmetrici a quelli originari.

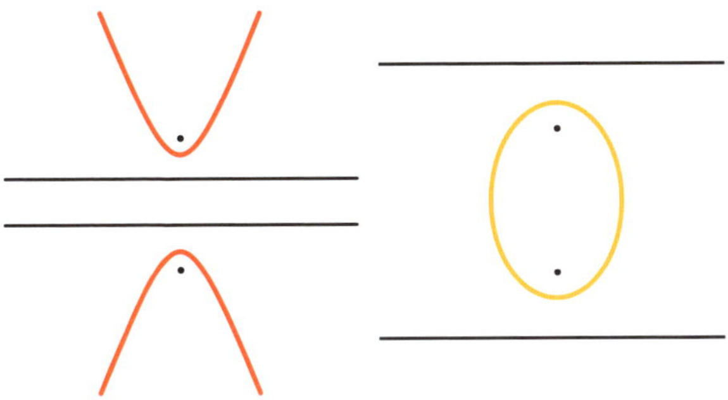

Apollonio provò a confrontare le due descrizioni di una stessa ellisse, rispetto ai due sistemi fuoco-direttrice. E notò che, per uno stesso punto, la somma delle sue distanze dalle due direttrici è costante, e sempre pari alla loro distanza. Ma le distanze del punto dalle due direttrici sono proporzionali alle sue distanze dai due fuochi, perché il loro rapporto è fissato dall'eccentricità. Dunque, *la somma delle distanze dei punti dell'ellisse dai due fuochi è costante*. E l'ellisse si può disegnare tendendo una corda ancorata nei fuochi, e lunga quanto l'asse maggiore.

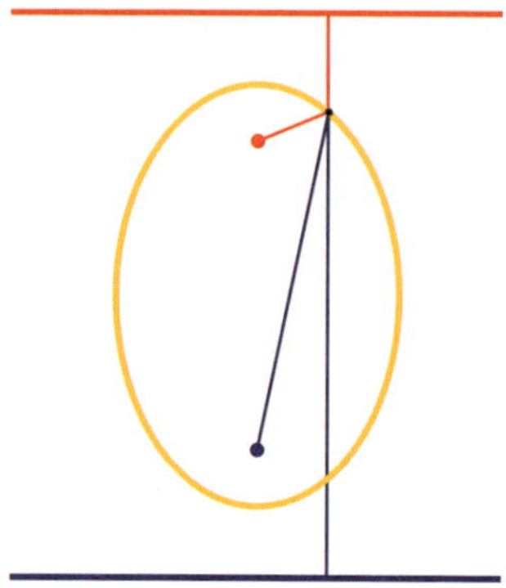

Dato un punto sull'ellisse, la tangente forma gli stessi angoli con i due segmenti che congiungono il punto con i fuochi. Questo fa sì che, negli *specchi ellittici*, la luce o il calore di una sorgente posta in un fuoco convergano nell'altro fuoco.

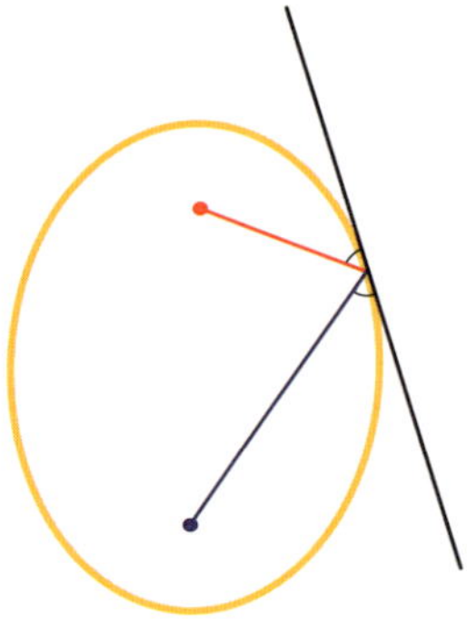

La stessa cosa succede anche per le onde sonore nelle cosiddette *camere a sussurro* ellittiche, dove chi parla in un fuoco viene udito nell'altro fuoco. Un esempio storico è la Sala delle Statue del Campidoglio di Washington, che in origine ospitava la Camera dei Deputati. Sembra che il futuro presidente John Quincy Adams avesse fatto piazzare la propria scrivania in uno dei fuochi, per poter origliare le conversazioni che si tenevano nelle vicinanze dell'altro fuoco.

Analogamente a quelle dell'ellisse, si possono confrontare le due descrizioni di una stessa iperbole, rispetto ai due sistemi fuoco-direttrice. Questa volta si nota che, per uno stesso punto, è la *differenza* delle sue distanze dalle due direttrici a essere costante, e sempre pari alla loro distanza. Ma, di nuovo, le distanze del punto dalle due direttrici sono proporzionali alle distanze dai due fuochi, perché il loro rapporto è fissato dall'eccentricità. Dunque, *la differenza delle distanze dei punti dell'iperbole dai due fuochi è costante.*

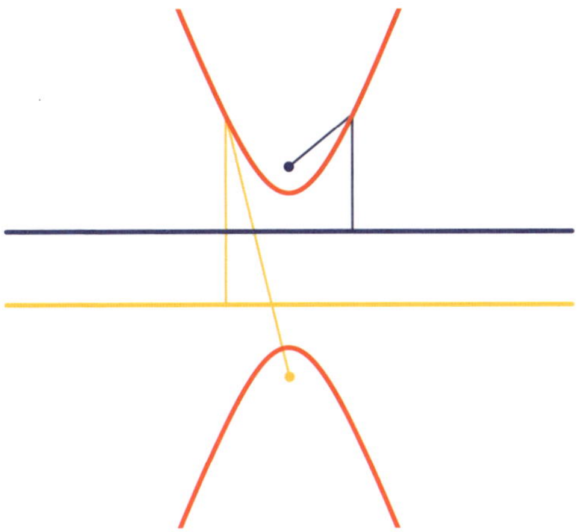

Come si vede, l'ellisse e l'iperbole si possono descrivere facendo riferimento soltanto ai due fuochi, senza parlare di direttrici. Questo non si può invece fare con la parabola, che ha un solo fuoco e una sola direttrice. Ma, come insegnò l'*Ottica* di Keplero nel 1604, si può considerarla un caso limite sia dell'ellisse che dell'iperbole, quando uno dei fuochi viene spinto all'infinito.

Facendo invece coincidere i due fuochi, l'ellisse diventa un cerchio, e l'iperbole una retta. Viceversa, il cerchio si può considerare come un'ellisse, in cui la somma delle distanze dei punti dai due fuochi, coincidenti col centro, è pari a due volte il raggio. E la retta si può considerare come un'iperbole, in cui la distanza tra i due rami è nulla.

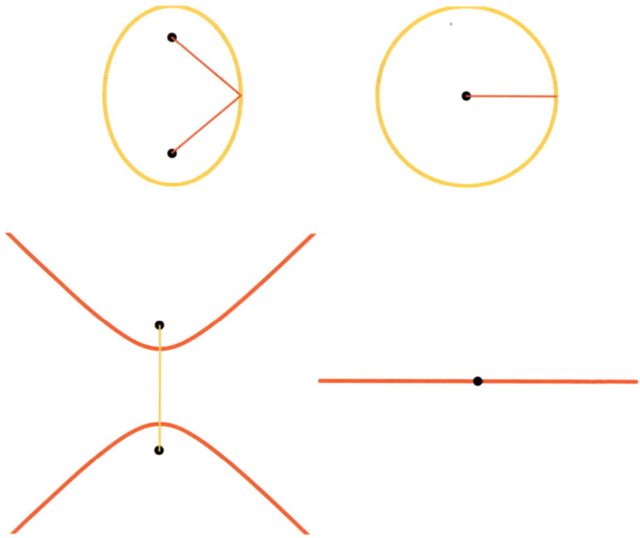

La conica finale

Delle varie applicazioni delle sezioni coniche, nessuna è stata tanto spettacolare quanto quella che si è avuta nella meccanica del Seicento. Quasi simultaneamente, a duemila anni dalla loro scoperta, la parabola e l'ellisse fecero infatti la loro entrata trionfale nella nuova scienza.

Da un lato, nel 1609 Galileo annunciò in una lettera ad Antonio de' Medici le leggi della balistica, dalle quali si ricava che la traiettoria di un proiettile è *parabolica*. Si tratta di una legge approssimata, che vale soltanto supponendo la Terra piatta, e l'accelerazione gravitazionale costante. Ma è una legge che si applica bene al mondo sufficientemente ristretto della nostra esperienza quotidiana, che ce ne dà quindi innumerevoli conferme: dai getti delle fontane, ai rimbalzi smorzati delle palle, ai salti dei pesci nell'acqua.

Dall'altro lato, sempre nel 1609, Keplero pubblicò nell'*Astronomia nova* le sue prime due leggi, che regolano il moto dei pianeti attorno al Sole. E la prima stabilisce che l'orbita non è circolare, come supponeva in prima

approssimazione il sistema copernicano, bensì *ellittica*, col Sole in uno dei fuochi.

Salendo sulle spalle di questi due giganti, nel 1687 Newton produsse la grande sintesi dei *Principia*. E scoprì che un'orbita a sezione conica richiede una forza gravitazionale inversamente proporzionale al quadrato della distanza. Viceversa, una tale forza produce orbite a sezione conica: dunque, non soltanto ellittiche, ma anche paraboliche o iperboliche, a seconda dei casi.

Applicata alla balistica, la meccanica newtoniana mostra che la traiettoria di un *proiettile* dipende dalla forza con cui viene lanciato. Se la velocità impressa è piccola, la traiettoria è un arco di ellisse. Se la velocità è maggiore, la traiettoria si chiude e il proiettile viene messo in un'orbita ellittica. Se si raggiunge una precisa velocità di fuga, la traiettoria diventa parabolica e il proiettile si perde. La stessa cosa succede a velocità superiori, su traiettorie iperboliche sempre più aperte.

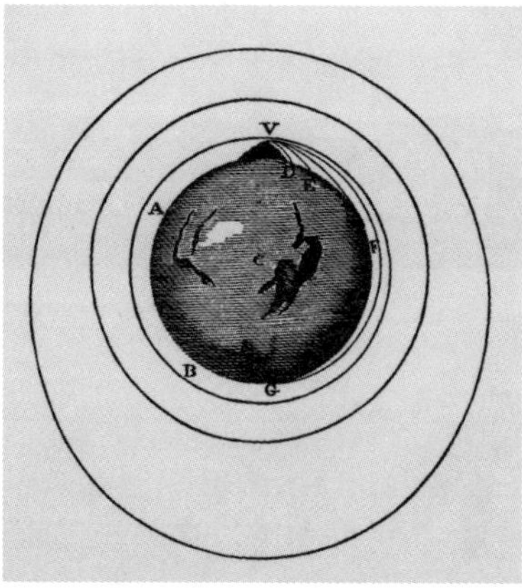

Traiettorie di un proiettile dai *Principia* di Isaac Newton, 1687.

Un'applicazione antibalistica, invece, si ha quando si inverte la traiettoria di un proiettile. Ad esempio, quando un aereo in volo spegne i motori, inizia una traiettoria ellittica (approssimativamente parabolica) di caduta libera, che dipende dalla direzione e dalla velocità con cui stava procedendo. Se gli si fa percorrere in direzione contraria esattamente la stessa traiettoria, con le stesse velocità istantanee, si annulla allora l'influsso della gravitazione. L'effetto è sfruttato dal Vomit Comet della Nasa, per allenare gli astronauti alla condizione di assenza di gravità che incontreranno nelle missioni spaziali.

Per quanto riguarda i corpi celesti, l'esempio tipico di un'orbita ellittica è quello di un corpo di massa trascurabile attorno a un altro di massa dominante: ad esempio, un *pianeta* attorno al Sole, o un *satellite* attorno a un pianeta. Volendo tener conto delle masse dei due corpi, invece, entrambi si muovono su un'orbita ellittica attorno al loro comune baricentro.

Anche le *comete* che ritornano periodicamente si muovono su orbite ellittiche, tanto più allungate quanto maggiore è il loro periodo. Quelle che non ritornano, invece, si muovono su orbite paraboliche, o quasi. Non si sono per ora registrati, nel Sistema Solare, esempi significativi

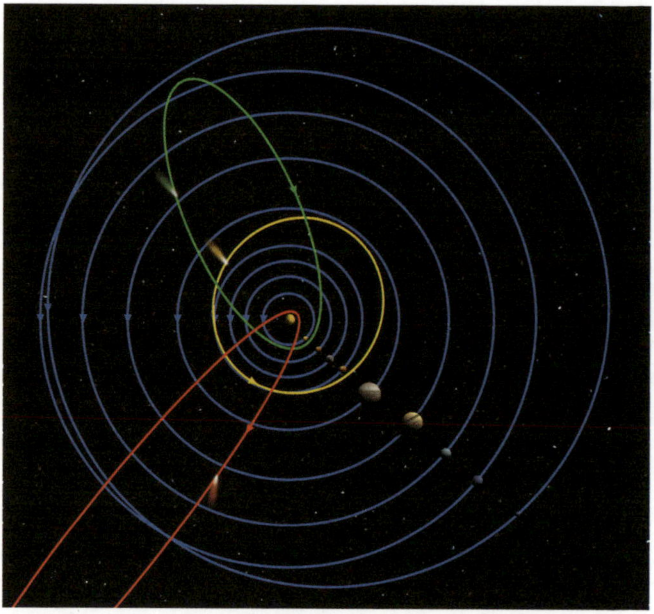

Orbite delle comete Tempel 1 (gialla), Halley (verde) e Hyakutake (rossa).

di comete con orbite nettamente iperboliche, benché esse siano possibili in teoria.

Per trovarle, basta però guardare al moto di particelle cariche elettricamente. Poiché la legge di Coulomb è inversamente proporzionale al quadrato della distanza, esattamente come quella gravitazionale, produce infatti le stesse orbite, quando entrambe le particelle coinvolte sono libere e hanno carica opposta.

Se invece una viene tenuta ferma, e l'altra le viene sparata contro, come negli esperimenti effettuati nel 1911 da Ernest Rutherford, la particella in movimento cambia direzione, ma non velocità, seguendo un'orbita iperbolica. Se le due cariche sono opposte, la particella subisce un'attrazione, e segue un ramo di iperbole che passa dietro all'altra particella, ferma nel fuoco interno. Se invece le due cariche sono uguali, la particella subisce una repulsione, e segue un altro ramo di iperbole, che passa davanti all'altra particella, ferma nel fuoco esterno.

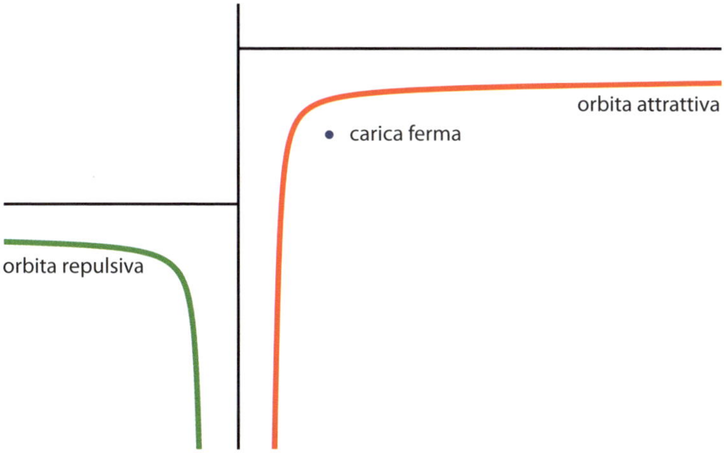

Una forza inversamente proporzionale al quadrato della distanza, come la gravitazionale e l'elettromagnetica, non è comunque l'unica in grado di produrre orbite ellittiche. Come notò Newton nei *Principia*, la stessa cosa succede per una forza direttamente proporzionale alla distanza. Tale forza è tipica di un corpo ancorato a una molla, che si muova attorno a un punto. O di un pendolo che si muova nello spazio, invece che solo su un piano. In entrambi i casi la traiettoria che si ottiene è ellittica, ma col centro di forza nel centro dell'ellisse, invece che in un fuoco.

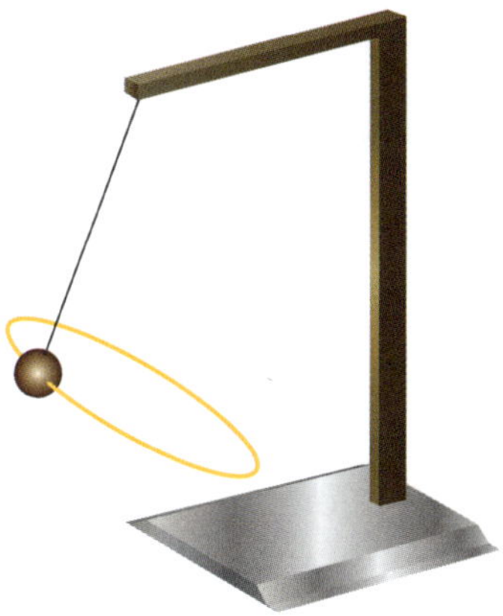

X
La geometria del globo fatale

Eratostene e Menelao

Il 10 agosto 1519 cinque navi spagnole, al comando del portoghese Ferdinando Magellano, salparono da Siviglia sul Guadalquivir. Dopo una sosta di qualche settimana nel porto di Sanlúcar de Barrameda, alla foce del fiume, il 20 settembre la flotta prese il largo. Scopo del viaggio era la ricerca di una via delle Spezie sudamericana, che non interferisse con quella circumafricana già aperta dai Portoghesi.

Per capodanno le navi erano arrivate a Rio de Janeiro, esattamente diciott'anni dopo la scoperta del luogo da parte di Gaspar de Lemos, avvenuta il 1° gennaio 1502: da qui, appunto, il nome di Fiume di Gennaio. Il 1° aprile 1520 due delle navi si ammutinarono, ma senza successo: i due capitani e i ribelli furono giustiziati e impalati sulla spiaggia di San Giuliano. I loro resti vennero ritrovati mezzo secolo dopo, nel 1578, da Francis Drake, che vi affiancò i cadaveri dei propri ribelli.

Il 1° novembre 1520 Magellano passò lo stretto chiamato, per l'occasione, di Ognissanti, che oggi porta il suo nome. Fu il primo europeo a entrare nell'Oceano Pacifico, e lo chiamò così perché credeva fosse sempre calmo come quel giorno. Il 16 marzo 1521 la flotta, che aveva ormai perso due navi e un terzo dell'equipaggio, arrivò alle Filippine. Il 27 aprile Magellano fu ucciso, durante un fallito tentativo di conversione forzata degli indigeni al cristianesimo. Questi rifiutarono poi il riscatto del suo cadavere, di cui si persero le tracce.

Il 2 maggio la flotta ripartì con due navi. Ma una sola completò il periplo e raggiunse la Spagna, al comando di Juan Sebastián Elcano. Era il 6 settembre 1522, e dei 237 uomini partiti per il viaggio, solo 18 portarono a termine la prima e triennale circumnavigazione del globo, che dimostrò in maniera definitiva la rotondità della Terra.

Qualche bella rotondità

Che la Terra fosse rotonda, lo si sapeva comunque da due millenni. A partire, cioè, da quando Pitagora l'aveva affermato per la prima volta. Con motivazioni che erano, sostanzialmente, quelle riassunte da Aristotele nel *Trattato sul cielo*:

- Quando una nave arriva dall'orizzonte, dapprima si cominciano a vedere gli alberi, e solo in seguito appare lo scafo.
- Andando verso sud, le vecchie costellazioni tramontano, e ne sorgono gradualmente di nuove.
- Durante le eclissi di Luna, la Terra produce un'ombra circolare, a qualunque altezza la Luna si trovi sull'orizzonte.

Aristotele azzardò anche una spiegazione della rotondità terrestre, che sarebbe stata sostanzialmente confermata duemila anni dopo da Newton. Egli intuì, cioè, che la sfera è la forma a cui tende la materia libera, quando viene attratta da una forza centripeta.

Nell'antichità greca, dunque, non c'era nessuna disputa sulla rotondità della Terra: semmai, sul fatto se gli antipodi potessero essere abitati da gente che avrebbe dovuto essere «appesa a testa in giù». E sembra che così sia stato anche nel Medioevo e nel Rinascimento cristiani. È soltanto una leggenda metropolitana che nei secoli bui gli intellettuali avessero la credenza che la Terra fosse piatta, benché credessero veramente a sciocchezze molto peggiori. Cosa invece pensasse, o pensi, la gente comune, è ovviamente un'altra storia.

Ma a essere rotonda non era soltanto la Terra, nell'antichità: lo era anche l'intero universo, almeno a partire dai Pitagorici. La loro cosmologia, adottata e adattata dapprima da Platone nel *Timeo*, e poi da Aristotele nel *Trattato sul cielo*, considerava appunto l'universo sferico. La Terra, anch'essa sferica, stava immobile nel centro. E la sfera delle Stelle Fisse girava da est a ovest attorno a un asse che passava per il centro terrestre, con un moto regolare e immutabile.

Dentro questa «Sfera dell'Uguale», come la chiamava Platone, c'erano poi altre sette «Sfere del Diverso». A esse si ancoravano, in ordine di allontanamento dalla Terra: la Luna, Mercurio, Venere, il Sole, Marte, Giove e

Saturno. E la «diversità» stava nel fatto che, contrariamente a quello delle Stelle Fisse, il loro moto era irregolare ed erratico: di qui la qualifica di *planetes*, che in greco significava «erranti».

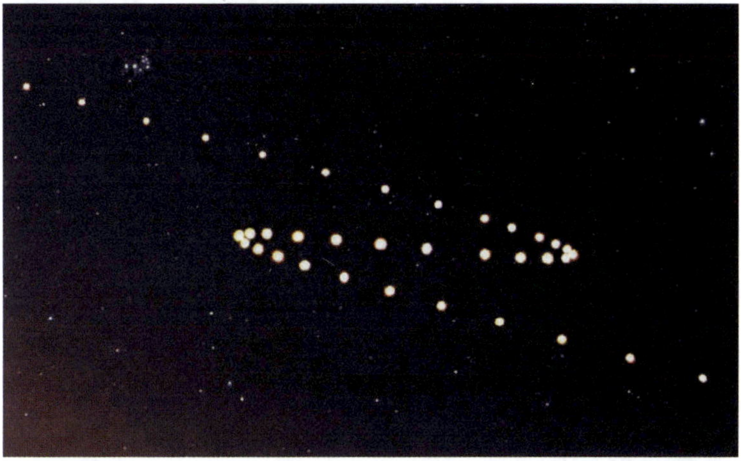

Le ipotesi fondamentali di questo modello geocentrico furono in seguito riassunte da Tolomeo, nel primo libro dell'*Almagesto*:

- La Terra è sferica e immobile.
- Le Stelle Fisse stanno su una sfera, che ha la Terra come centro.
- Le Stelle Fisse e i pianeti girano attorno alla Terra, su sfere di cui essa occupa il centro.
- Rispetto alla distanza che la separa dalle Stelle Fisse, la grandezza della Terra è trascurabile.

La natura sferica del cosmo geocentrico non fu messa in questione dall'alternativo modello eliocentrico. La prima notizia che ne abbiamo ci viene dall'*Arenario* di Archimede, in cui si dice che «Aristarco ha pubblicato un libro contenente certe ipotesi, da cui deriva che l'universo è molto più grande di quello appena citato». E queste ipotesi erano:

Mappe del sistema tolemaico e copernicano dall'*Harmonia macrocosmica* di Andrea Cellario, 1661.

- Il Sole e le Stelle Fisse sono immobili.
- Le Stelle Fisse stanno su una sfera, che ha il Sole come centro.
- La Terra e i pianeti girano attorno al Sole, su sfere di cui esso occupa il centro.
- Rispetto alla distanza tra il Sole e le Stelle Fisse, la distanza tra il Sole e la Terra è trascurabile.

È evidente che, essendo entrambe sferiche, sia la geografia terrestre che l'astronomia celeste avevano bisogno di una geometria appropriata. Si doveva dunque svilupparla in modo autonomo, eventualmente adattando e modificando quella euclidea degli *Elementi*.

Misuriamo queste curve

Il primo vero risultato di geometria sferica è dovuto a Eratostene, il matematico al quale Archimede aveva inviato il famoso *Metodo*. Come testimonia il suo soprannome di «Pentatleta», si trattava di un eclettico, che spaziava su molte discipline, senza però essere il recordman di nessuna. Per lui si usava anche il nomignolo «Beta», sottolineando il suo ruolo di eterno secondo: in base al medagliere moderno, noi l'avremmo chiamato «Argento».

In realtà, la sua sfortuna fu principalmente l'essere stato contemporaneo di Archimede e Apollonio, coi quali era difficile arrivare primo: un po' lo stesso destino di Bartali o Gimondi, a cui toccò pedalare nell'era di Coppi o Merckx. Ma, come Bartali e Gimondi, anche Eratostene conquistò la maglia gialla, con il suo perduto trattato *Sulla misura della Terra*. Riuscì infatti a calcolare con sorprendente precisione la lunghezza della circonferenza terrestre.

La sua idea fu di sfruttare il fatto che a Siene, una città dell'Egitto meridionale situata nei pressi dell'odierna Assuan, c'era un pozzo, nel quale si sapeva che a mezzogiorno del 21 giugno il Sole entrava a perpendicolo. Un bastone piantato verticalmente, dunque, non produceva nessuna ombra in quel momento.

A mezzogiorno di quello stesso giorno, Eratostene misurò invece l'ombra prodotta da un bastone piantato ad Alessandria, dove lui lavorava come direttore della famosa Biblioteca. Il calcolo dell'angolo formato dai raggi del Sole rispetto alla verticale diede un valore di circa 1/50 di angolo giro.

Eratostene collegò poi le due osservazioni. Anzitutto, Alessandria si trova a nord di Siene, e le due città stanno più o meno sullo stesso meridiano: dunque, quando è mezzogiorno in una, è anche mezzogiorno nell'altra, e le due misure sono simultanee. Inoltre, essendo il Sole molto lontano dalla Terra, i suoi raggi arrivano praticamente paralleli a Siene e Alessandria.

Tirando le conclusioni, si scopre che quello che si è misurato non è altro che l'angolo formato dai due bastoni verticali, idealmente prolungati fino al centro della Terra. O, se si preferisce, si è misurata l'ampiezza del settore circolare tra Siene e Alessandria.

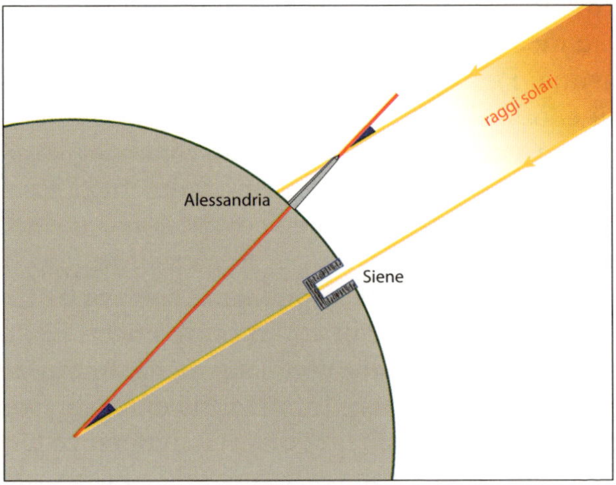

Paragonando fra loro l'intero cerchio e il settore circolare, si ricava che la circonferenza terrestre sta a un angolo giro come la distanza tra Siene e Alessandria sta a 1/50. E poiché la distanza fra le due città era valutata a circa

5000 stadi, la circonferenza terrestre doveva essere di circa 250.000 stadi.

La traduzione di questa misura nel sistema metrico decimale dipende dalla valutazione della lunghezza dello stadio usato da Eratostene. Se, come sembra, esso era pari a 157,5 metri, si ottiene come risultato 39.375 chilometri, a fronte di un valore medio corretto per i meridiani di 40.008. In realtà il risultato di Eratostene era anche migliore, perché per qualche motivo egli corresse la lunghezza a 252.000 stadi, e dunque a 39.690 chilometri, con un errore inferiore all'uno per cento.

In entrambi i casi, si arriva sorprendentemente vicini ai 40.000 chilometri. Cioè, alla misura che fu scelta nel 1791 dall'Accademia delle Scienze francese per definire il metro, come «un decimilionesimo della distanza fra il Polo Nord e l'Equatore, calcolata sul meridiano di Parigi». O, come si insegnava più approssimativamente una volta a scuola, «un quarantamilionesimo della circonferenza terrestre».

Il motivo per cui i meridiani sono in realtà leggermente più lunghi, è che le misure ufficiali effettuate tra il 1792 e il 1799 da Jean-Baptiste Delambre e Pierre Méchain, sul tratto di meridiano tra Dunkerque e Barcellona, erano leggermente sbagliate. Il metro così definito risultò dunque leggermente più corto.

Spettacolo al Circolo Massimo

Alla base dell'argomento di Eratostene sta l'intuizione fondamentale della geometria sferica. Precisamente, due punti sulla superficie e il centro della sfera identificano un piano nello spazio. E l'intersezione di questo piano con la superficie sferica identifica un *cerchio massimo*, che costituisce l'analogo sulla sfera di una retta nel piano.

Da questo punto di partenza, si può procedere a sviluppare la geometria sferica, in analogia con quella piana. Il primo a farlo sistematicamente fu Menelao, verso il 100. Astrattamente, la sua *Sferica* sta alla sfera come gli *Elemen-*

ti di Euclide stanno al piano. Concretamente, il Libro Primo della *Sferica* procede parallelamente al Libro Primo degli *Elementi*, evidenziando dettagliatamente le analogie e le differenze tra le due geometrie.

Il primo problema affrontato da Menelao fu la definizione del *segmento* che unisce i due punti, che è un po' più delicata di quella della retta. L'idea ovvia sarebbe di prendere il tratto di cerchio massimo tra i due punti, come nella geometria euclidea si prende appunto il tratto di retta che li unisce. Ma sulla sfera questo non basta: i cerchi massimi sono linee chiuse, e due punti sono sempre uniti da almeno due «segmenti», che vanno dall'uno all'altro in due direzioni opposte.

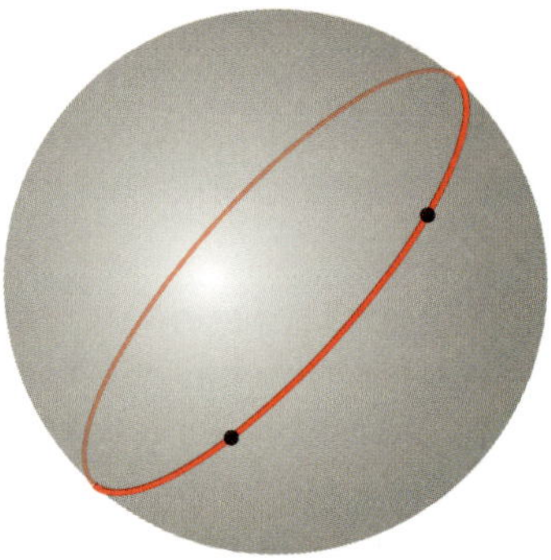

Le vie d'uscita possibili sono due. La prima è considerare il segmento più corto, ma per fare questo bisogna avere a disposizione una misura delle lunghezze. La seconda è considerare il segmento che corrisponde all'angolo al centro più piccolo, ma per fare questo bisogna avere a disposizione una misura degli angoli. In entrambi i casi, la cosa è più complicata che nella geometria piana.

Come se non bastasse, c'è un'ulteriore complicazione. Perché se i due punti stanno agli antipodi, o «di contropiede» (da *anti*, «contro», e *podos*, «piede»), cioè agli estremi di un diametro della sfera, allora di cerchi massimi che passano per essi ce ne sono infiniti: lo dimostra l'esempio dei *meridiani* che passano per i due poli terrestri. E ciascu-

no di questi infiniti cerchi massimi viene diviso in due parti uguali dai due punti.

Ci si accorge fin da subito, dunque, che la geometria sferica è sostanzialmente diversa da quella piana. In particolare, ci sono problemi già col *primo postulato* di Euclide, perché due punti si possono sicuramente congiungere con un arco di cerchio massimo, ma non in maniera unica. E ci sono problemi anche col *secondo postulato*, perché gli archi non si possono estendere indefinitamente, oltre il cerchio massimo a cui appartengono.

Accerchiati su due fronti

Non ci sono invece problemi con il *terzo postulato* di Euclide, che riguarda la costruzione di cerchi con un centro e un raggio dati. Le circonferenze che hanno per centro un punto sulla sfera, infatti, sono semplicemente i *paral-*

leli che si ottengono considerando quel punto come un polo. E i cerchi che esse determinano sono le relative *calotte sferiche*.

Poiché però ogni parallelo individua *due* calotte sferiche, una incentrata nel polo e l'altra nel suo antipodo (o antipolo), *sulla sfera ogni circonferenza ha due centri e due raggi, e individua due cerchi*. Il che lascia intuire che le circonferenze sulla sfera non possano avere un rapporto fisso col loro raggio, come nel caso delle circonferenze sul piano.

Naturalmente, quando si parla di raggio di una circonferenza sferica, bisogna fare attenzione a non confondere tra loro tre cose diverse. Anzitutto, c'è il raggio r della sfera. Poi c'è la sua proiezione r' sul piano che definisce il parallelo. Infine, c'è il raggio ρ della circonferenza, che è una porzione del semicerchio massimo πr. Da un lato, la circonferenza è determinata da r', attraverso la solita formula di Archimede $2\pi r'$. Ma, dall'altro lato, essa va riferita al solo raggio ρ. E un discorso analogo si può fare per l'area.

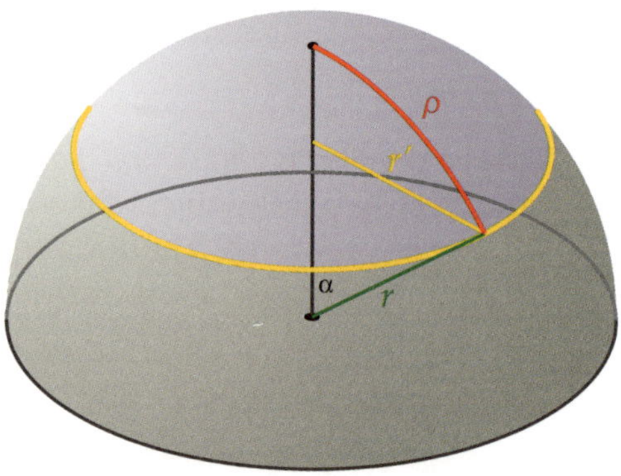

Ad esempio, nel caso in cui il parallelo sia l'equatore, la circonferenza C è pari a un cerchio massimo ($2\pi r$), e il suo raggio ρ a un quarto di esso ($\pi r/2$). Dunque, il rapporto fra C e ρ è 4, e non 2π come sul piano. L'area A invece è pari a metà della superficie della sfera ($2\pi r^2$). Dunque, il rapporto fra A e ρ^2 è $8/\pi$, e non π come sul piano.

In entrambi i casi, i coefficienti sulla sfera sono inferiori a quelli sul piano. E si può dimostrare che, in generale, le formule per la circonferenza C e l'area A di un cerchio sferico di raggio ρ sono

$$C = 2\pi r a \qquad \text{e} \qquad A = \pi r^2 b,$$

dove a e b sono fattori correttivi che dipendono dall'angolo α che il raggio della sfera forma col parallelo che definisce il cerchio.* In particolare, col crescere del raggio da 0 a πr, il fattore a decresce da 1 a 0, e il fattore b da 1 a $4/\pi^2$.

Così, quando il raggio ρ è molto piccolo, i cerchi sferici assomigliano a quelli piani, perché la sfera tende a confondersi col piano tangente. Al crescere del raggio, la circonferenza cresce fino a raggiungere un massimo all'equatore, e poi descresce gradualmente fino a zero. L'area, invece, cresce gradualmente, fino a raggiungere il massimo quando il raggio tocca il polo opposto: in tal caso, infatti, il cerchio coincide con la superficie della sfera.

Un parallelo tra paralleli e parallele

Passando alle parallele, di cui parla invece il *quinto postulato*, le cose si fanno tragiche. Nella geometria euclidea, quel postulato intendeva limitare il loro numero a una sola. Sul piano, infatti, di parallele a una retta passanti per un punto fuori di essa ce n'è sempre sicuramente almeno una: cioè, la perpendicolare alla perpendicolare.

Su una sfera, però, un parallel*o* è sì una perpendicolare alla perpendicolare di un cerchio massimo, e non lo incontra. Ma non è una parallel*a*, perché non è una retta! O, se si preferisce, non è la linea più breve che unisce due punti. Lo sanno benissimo i piloti d'aereo, che infatti non volano lungo un parallelo, quando vanno da un pun-

* Per curiosità, $a = \dfrac{\sin \alpha}{\alpha}$ e $b = \left(\dfrac{\sin (\alpha/2)}{\alpha/2}\right)^2$

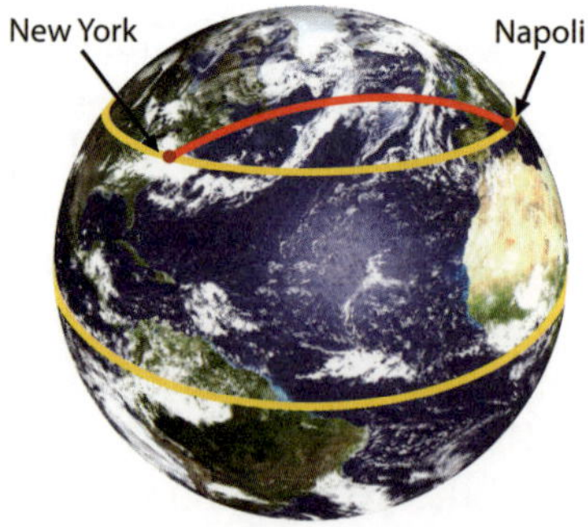

to all'altro su di esso: basta guardare, ad esempio, la rotta tra Napoli e New York, che stanno entrambe all'incirca sul 41° parallelo.

Se non sono i paralleli, quali sono allora le parallele sulla sfera? La sorprendente risposta è che... non ci sono! Le rette sono i cerchi massimi, infatti, e due cerchi massimi si incontrano sempre in due punti antipodali, determinati dall'intersezione dei due piani che li definiscono. Detto altrimenti, due piani che passano per uno stesso punto (il centro della sfera), hanno in realtà in comune un'intera retta (un diametro), che incontra la sfera in due punti antipodali.

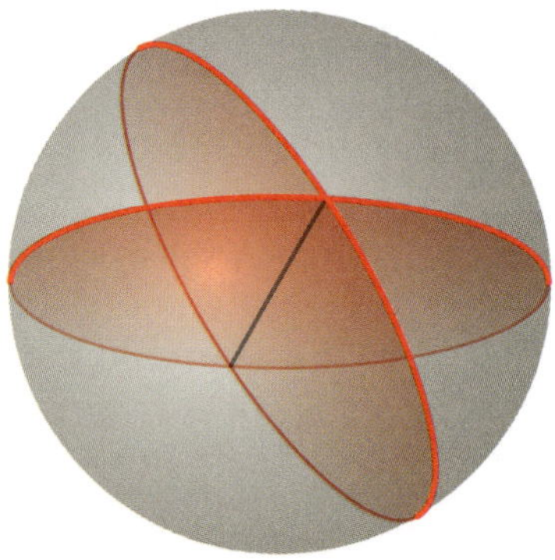

A complicare le cose c'è poi il fatto che il quinto postulato è comunque sempre soddisfatto nella geometria sferica! Infatti, nella sua formulazione originaria non parla affatto di parallele, e dice soltanto che in certe condizioni due rette si incontrano: il che è sempre vero, per due cerchi massimi, senza nessuna condizione.

La stessa cosa vale anche per la formulazione di Playfair, almeno se si sta attenti a dire che «per un punto fuori di una retta passa al più una sua parallela». Di nuovo, questo è sempre vero nella geometria sferica, perché di parallele intanto non ne passa nessuna. Se invece si enuncia il postulato dicendo che «per un punto fuori di una retta passa una sua sola parallela», allora la formulazione diventa falsa.

A gonfie vele

Dopo aver considerato gli analoghi dei segmenti, Menelao passò agli analoghi dei poligoni, e scoprì subito una novità. Mentre nel piano ci vogliono almento tre lati per definire una figura chiusa, sulla sfera ne bastano due! Anzi, ogni coppia di semimeridiani definisce due *biangoli*, o settori sferici, perché taglia la sfera in due fette.

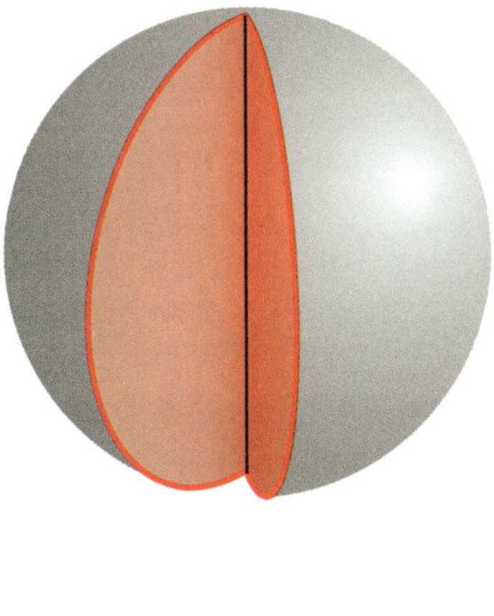

La Spinnaker Tower
a Portsmouth in Inghilterra.

L'area A di un biangolo si calcola facilmente, con una proporzione analoga a quella usata da Eratostene per i settori circolari. Essa infatti sta all'arco αr che definisce il settore sferico, come la superficie $4\pi r^2$ dell'intera sfera sta alla circonferenza $2\pi r$. Dunque,

$$A = 2\alpha r^2$$

Quanto ai *triangoli sferici*, ovviamente esistono, ma Menelao mostrò che hanno proprietà molto diverse da quelle dei triangoli piani ai quali siamo abituati. Anzitutto, banalmente, i loro lati sono curvilinei, così come la loro superficie. Assomigliano, dunque, allo spinnaker di una barca. O alle coperture dell'Opera House di Sidney.

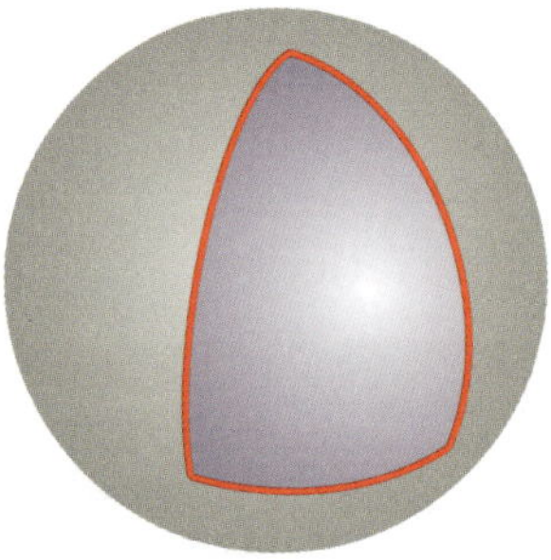

L'Opera House a Sidney.

Più inaspettata, ma cruciale, è la Proposizione I.11 dimostrata da Menelao: *la somma angolare di un triangolo sferico è variabile*, invece che fissa. E non vale *mai* due soli angoli retti, o un angolo piatto, come nel caso dei triangoli piani. Bensì, può assumere qualsiasi valore compreso fra un angolo piatto (escluso) e tre (incluso). Il motivo è che il perimetro di un triangolo sferico può essere schiacciato fino a diventare quasi una retta, o gonfiato fino a diventare un cerchio.

Anzi, ogni cerchio massimo è il perimetro di un triangolo sferico, i cui tre vertici sono tre punti qualunque su di esso. E poiché i tre punti non sono necessariamente equidistanti, si scopre che sulla sfera ci possono essere *triangoli equiangoli, ma non equilateri*. Lo stesso discorso si può naturalmente fare anche per i poligoni sferici con un numero qualunque di lati, prendendo come vertici un numero qualunque di punti su un cerchio massimo.

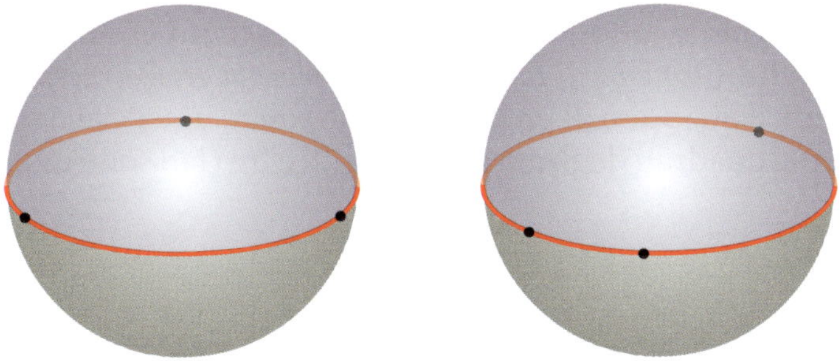

Parlando di poligoni sferici, intuitivamente noi pensiamo a quelli che si potrebbero chiamare «interni», nel senso ovvio della parola. Nel piano sono gli unici che esistono, perché la superficie esterna a una poligonale è una figura illimitata e infinita. Nella sfera, invece, è limitata come quella interna, e definisce dunque un poligono «esterno». Nel caso di un triangolo sferico esterno, la sua somma angolare può prendere qualsiasi valore compreso fra tre angoli piatti (incluso) e cinque (escluso), perché ciascun angolo esterno è la differenza tra un angolo giro, cioè due angoli piatti, e il corrispondente angolo interno.

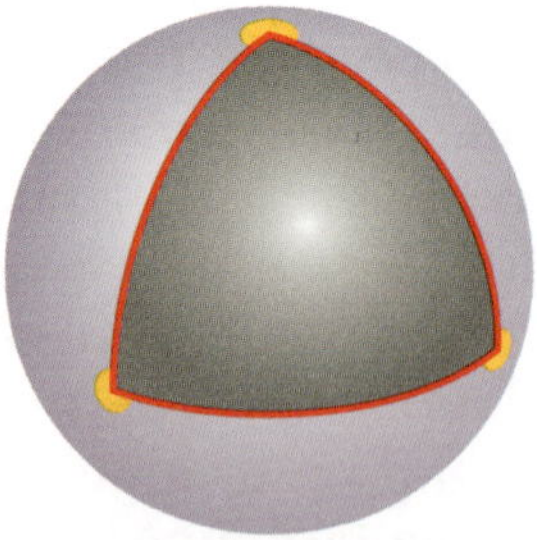

Naturalmente, i poligoni sferici interni ed esterni definiti da una stessa poligonale sono uguali (o meglio, speculari) soltanto quando i vertici stanno su un cerchio, come nell'esempio dei triangoli considerati sopra. In generale, invece, sono diversi: ad esempio, nello straordinario *triangolo rettangolo equilatero ed equiangolo* che si ottiene tagliando la sfera a metà lungo tre direzioni perpendicolari. O, se si preferisce, tagliandola all'Equatore e lungo due meridiani perpendicolari fra loro.

Questo triangolo sferico è tre volte rettangolo, perché ogni suo angolo è retto. E ovviamente fornisce un esempio del fatto che *il teorema di Pitagora non vale nella geometria sferica*. Infatti, il quadrato di un lato non può essere uguale alla somma dei quadrati degli altri due, se tutti e tre i lati sono uguali.

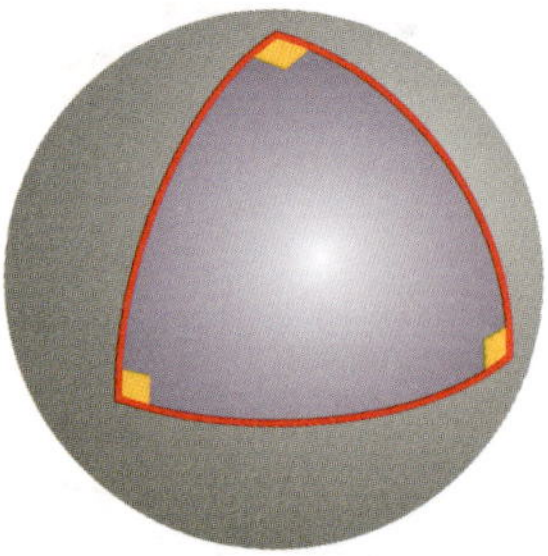

Analogamente, prendendo quattro punti equidistanti su un cerchio massimo si ottengono *quadrilateri equilateri ed equiangoli*: in tal caso, con una somma angolare di quattro angoli piatti, o due angoli giri. Tali quadrilateri si possono a ragione chiamare *quadrati*, visto che già Euclide definiva questi ultimi appunto come «quadrilateri equilateri ed equiangoli».

Ma un quadrato sferico non può avere tutti gli angoli retti: anzi, addirittura, *non esistono rettangoli sferici*! Poiché un quadrilatero si può scomporre in due triangoli, la sua somma angolare deve infatti sempre essere maggiore di due angoli piatti, o di un angolo giro. L'ovvio controesempio che può venire in mente, formato da due archi di parallelo e due di meridiano, ha sì quattro angoli retti. Ma non è un quadrilatero, perché gli archi di parallelo non sono dei segmenti: un suo analogo euclideo sarebbe una figura con due lati rettilinei, e due no.

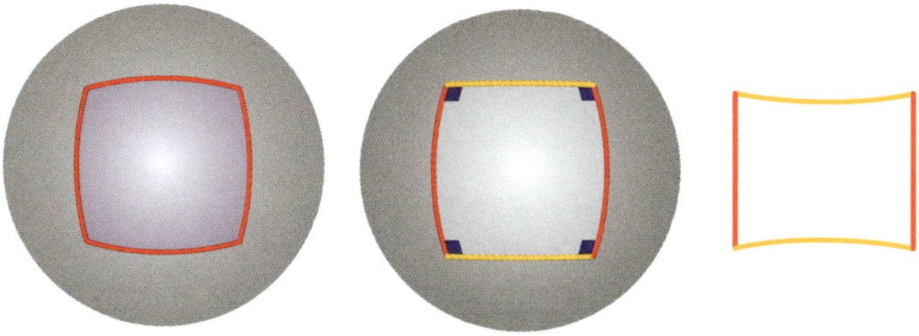

A.A.A. *Criterio di uguaglianza offresi*

L'assioma delle parallele, nella formulazione di Wallis, permette di costruire triangoli simili di grandezza arbitraria. Il fallimento dell'assioma nella geometria sferica ci fa dunque sospettare che qualcosa andrà storto anche per i triangoli simili.

Puntualmente, la Proposizione I.17 di Menelao mostra che ai soliti criteri di uguaglianza per i triangoli «interni», se ne aggiunge uno nuovo. Cioè, il *criterio AAA (Angolo-Angolo-Angolo): due triangoli sferici aventi tre angoli uguali a due a due, sono uguali*. Così, mentre nel piano tre angoli uguali definiscono soltanto triangoli simili, sulla sfera gli unici triangoli simili sono quelli uguali!

La differenza fra i due casi, però, è più apparente che reale. Il criterio AAA non è infatti altro che la versione sferica di questo analogo e ovvio criterio piano: «due triangoli aventi tre angoli uguali a due a due, *e la stessa propor-*

zione fra i lati, sono uguali». Su una singola sfera, la proporzionalità fra i lati è fissata dalle dimensioni della sfera stessa. E lasciando variare il raggio, si riottengono ovviamente triangoli sferici simili ma diversi, esattamente come sul piano.

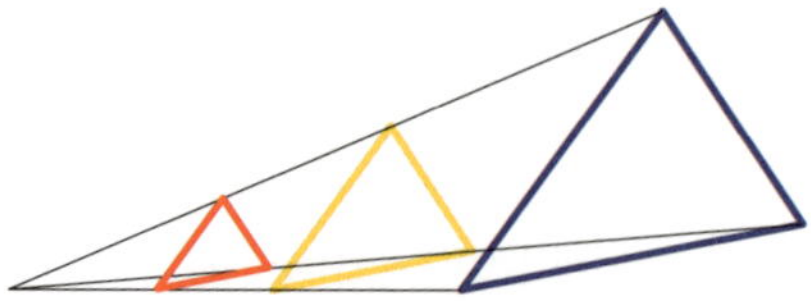

Poiché gli angoli di un triangolo sferico lo definiscono completamente, in particolare determinano la sua area. La quale, ovviamente, dev'essere compresa fra 0 e la superficie di una semisfera, cioè $2\pi r^2$. La somma angolare del triangolo, invece, può andare da un angolo piatto a tre, cioè da π a 3π. E poiché c'è lo scarto di un π tra i limiti della somma angolare e quelli del coefficiente di r^2, si può ipotizzare che l'area A di un triangolo sferico su una sfera di raggio r sia pari a

$$A = (\text{somma angolare} - \pi) \cdot r^2$$

La cosa si può facilmente verificare in alcuni casi. Ad esempio, il triangolo rettangolo equilatero ed equiangolo considerato sopra ha un'area pari a un quarto della semisfera, cioè $(\pi/2)r^2$. E la sua somma angolare è di tre angoli retti, cioè $3\pi/2$. Sottraendo π da quest'ultima, si ottiene appunto $\pi/2$.

Dimostrare il risultato in generale è un'altra storia. I primi a narrarla sono stati Thomas Harriot nel 1603, e Albert Girard nel 1626. Oggi però il teorema porta solo il nome del secondo, perché il primo non pubblicò il proprio risultato. Come suo solito, bisogna dire, visto che Harriot aveva anche silenziosamente anticipato di alcuni mesi le osservazioni al canocchiale di Galileo, puntandolo sulla Luna già il 26 luglio 1609, e scoprendo fin dall'8 dicembre 1610 le macchie solari.

Mappa lunare e primo disegno della luna di Thomas Harriot, 1612 ca.

L'idea della dimostrazione del teorema di Harriot e Girard si capisce meglio se uno si aiuta sbucciando un'arancia. Si tratta anzitutto di considerare i tre biangoli, di cui il triangolo sferico dato è l'intersezione. E di notare che, insieme, essi sono pari a una semisfera: infatti, il triangolo sferico agli antipodi è uguale a quello dato, ed è dunque l'intersezione di tre biangoli uguali a quelli che insieme coprono il resto della sfera.

Capita l'idea, si tratta di fare solo un paio di calcoli. Precisamente, se α, β e γ sono gli angoli del triangolo sferico, i coefficienti delle aree dei tre rispettivi biangoli sono 2α, 2β e 2γ. Per ottenere il coefficiente dell'area della semisfera, che è 2π, non basta però sommarli fra di loro, perché così facendo si conterebbe tre volte l'area A del triangolo. Bisogna dunque sottrarre $2A$ dalla somma $2(\alpha + \beta + \gamma)$, per ottenere 2π. E questo significa che bisogna sottrarre π da $\alpha + \beta + \gamma$ per ottenere A, come appunto avevamo intuito.

XI

Le cose da una nuova angolazione

Aristarco, Ipparco e Tolomeo

Tra l'aprile 1832 e il maggio 1833 l'astronomo scozzese Thomas Henderson effettuò una serie di osservazioni stellari, presso l'Osservatorio Reale del Capo di Buona Speranza. Tornato in Inghilterra, ed elaborati i dati che aveva ottenuto, si accorse che l'angolazione dalla stella *Alfa Centauri* rispetto alla Terra cambiava leggermente, a seconda delle stagioni. Si trattava della prima refutazione sperimentale della più importante obiezione dei tolemaici al moto di rivoluzione terrestre, e dunque al sistema eliocentrico.

Già Aristotele, infatti, aveva notato che se la Terra girasse attorno al Sole, le posizioni delle Stelle Fisse dovrebbero cambiare nel corso dell'anno. Alla fine del Cinquecento l'astronomo danese Tycho Brahe, maestro di Keplero, aveva precisato quantitativamente l'obiezione: poiché il diametro apparente delle stelle è circa 1/30 di quello del Sole, la loro distanza è circa 30 volte maggiore, ed esse dovrebbero formare col Sole e la Terra un angolo di circa 2 gradi. Ma poiché niente del genere veniva osservato, se ne deduceva che la Terra non girava attorno al Sole.

In realtà, già Aristarco aveva risposto all'obiezione di Aristotele, con lo stesso argomento che sarebbe poi stato ripetuto da Copernico: semplicemente, le Stelle Fisse sono molto più lontane di quanto si supponga o si immagini. E Galileo aveva spiegato l'errore di Tycho Brahe: la grandezza apparente delle stelle, osservata a occhio nudo, risulta maggiore di quella reale, ed esse appaiono dunque più vicine di quanto non siano.

Un conto però era spiegare perché fosse difficile osservare l'effetto previsto da Aristotele, e un altro era osservarlo. Le osservazioni di Henderson ci riuscirono, ed egli ricavò una distanza per *Alfa Centauri* di circa 4 anni luce, abbastanza vicina al valore corretto di circa 4,4. Ma il risultato, pari a circa 200.000 volte la distanza tra la Terra e il Sole, gli parve eccessivo. Henderson pensò dunque a un errore, e non pubblicò il suo lavoro. Fu così preceduto dall'astronomo tedesco Friedrich Bessel, che nel 1838 misurò analogamente la variazione angolare di *61 Cigni*. E rese nota la prima distanza stellare, di circa 10 anni luce, anch'essa abbastanza vicina al valore corretto di circa 11,4.

Le proporzioni dell'universo

Per valutare le distanze delle stelle, Henderson e Bessel non potevano far altro che guardarle dalla Terra e misurarne gli angoli. Ma il metodo usato non era un'invenzione loro, bensì della natura. È infatti lo stesso adottato dal sistema visivo binoculare, e si basa sul *criterio* ALA (*Angolo-Lato-Angolo*), secondo il quale un triangolo è completamente determinato da un lato e dai due angoli adiacenti.

Nel caso degli occhi, il lato è la loro distanza sulla testa. Nel caso delle stelle, il diametro dell'orbita terrestre. Ma può essere anche altre cose. E la prima applicazione conscia del criterio sembra essere stata fatta da Talete, per dedurre la distanza di una nave in mare, dai due angoli che forma rispetto a due punti sulla spiaggia.

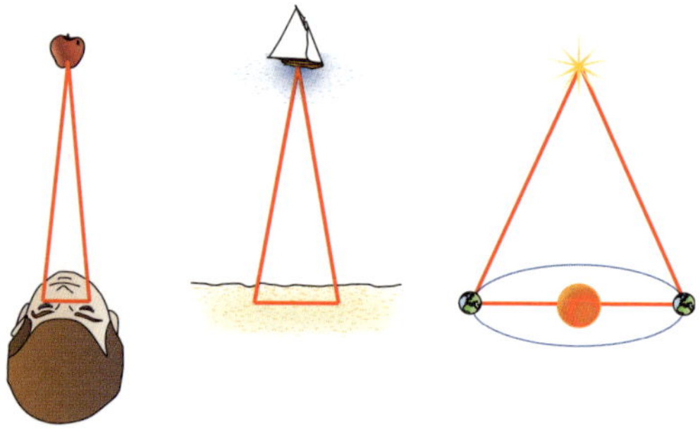

A fronte della versatilità del metodo, sta la difficoltà della sua applicazione. Bisogna infatti misurare in qualche modo gli angoli, e questa è un'impresa molto più difficile e delicata della misura delle distanze con le corde. Soprattutto quando gli angoli coinvolti sono quasi nulli, o quasi retti, e piccole discrepanze possono provocare grandi errori.

Lo si vide nel primo avveniristico calcolo delle misure dell'universo, effettuato da Aristarco nell'unico suo lavoro che ci è rimasto: *Sulle dimensioni e le distanze del Sole e della Luna*. Di lui sappiamo poco, oltre al fatto che era di Samo, e dunque un connazionale di Pitagora. E che i suoi contemporanei lo chiamavano «il matematico» per antonomasia. Era un po' più vecchio di Archimede, che ne parla nell'*Arenario*, e fiorì tra il –300 e il –250 circa.

Il verbo botanico non è inappropriato, per colui che coltivò per primo l'ipotesi eliocentrica. E sembra che a convincerlo che era più sensato pensare la Terra e la Luna in moto attorno al Sole, invece che il Sole e la Luna attorno alla Terra, siano state proprio le distanze relative del sistema dei tre corpi. Distanze che fu appunto lui a valutare, con uno dei colpi di genio dei grandi dell'antichità.

La sua idea fu che, quando la Luna è visibile esattamente per metà, il Sole le è disposto di fronte, e la Terra di fianco, ad angolo retto. Insieme, i tre corpi celesti formano allora un triangolo rettangolo. Misurando uno dei due angoli acuti, si ricava anche l'altro, e si determina la forma del triangolo: in particolare, le sue proporzioni.

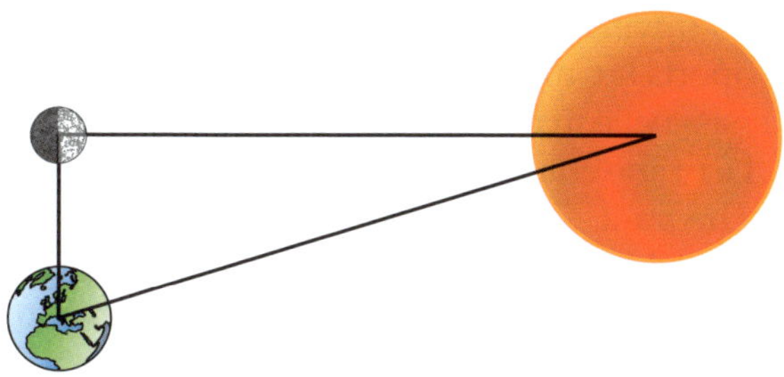

Aristarco stimò che l'angolo minore fosse 1/30 di un angolo retto: cioè, come diremmo oggi, 3 gradi. E ne dedusse che *la distanza Terra-Sole è circa 19 volte maggiore della distanza Terra-Luna*. Le proporzioni del Sistema Solare risultavano così molto superiori a quello che si era pensato fino ad allora. Ma rimanevano molto inferiori alla realtà, visto che il vero valore del rapporto considerato da Aristarco è di circa 390.

La teoria, naturalmente, era perfettamente corretta. L'errore stava tutto nella pratica, cioè nella misura dell'angolo, che invece di essere di 3 gradi è solo di circa 10 secondi. La difficoltà non stava soltanto nel misurarlo, ma anche nel valutare il momento esatto in cui la Luna fosse a metà. E nel determinare la posizione del Sole in quello stesso momento, visto che di solito la Luna e il Sole non si vedono contemporaneamente.

Riscopriamo l'America

Passare da un angolo di un triangolo rettangolo al rapporto fra uno dei cateti e l'ipotenusa, o viceversa, è il problema centrale della *trigonometria*, o «misura dei triangoli» (da *trigonon*, «triangolo», e *metron*, «misura»). Il nome sembra sia stato usato per la prima volta nel 1595 da Bartholomaeus Pitiscus, nel libro *Trigonometria, ovvero le dimensioni dei triangoli*.

Il risultato di Aristarco ne fu il primo, spettacolare esempio. Ma lo sviluppo sistematico della disciplina si deve a Ipparco, che visse verso il –150 e fu il più grande astronomo dell'antichità, oltre che uno dei più grandi scienziati della storia. A dimostrarlo, basterebbe ricordare che fu lui a scoprire l'America: ben prima dei Vichinghi e di Colombo, e senza doversi neppure muovere da casa!

Come riporta la *Geografia* di Strabone, Ipparco notò una notevole diversità nelle maree dell'Oceano Atlantico e dell'Oceano Indiano. Le prime erano state descritte nel trattato *Sull'Oceano* da Pitea, che tra il –330 e il –320 aveva effettuato un periplo da Marsiglia al Mare del Nord. Le seconde erano state registrate dagli scienziati che, negli stessi anni, avevano accompagnato Alessandro Magno nelle sue conquiste, fino in India.

Ipparco comprese che, con maree così diverse, l'oceano a Ovest di Gibilterra non poteva essere lo stesso che stava a Est dell'India. Le due masse d'acqua dovevano perciò essere divise da un immenso continente, che le separasse. Un continente che, in particolare, andasse praticamente dal Polo Nord al Polo Sud, altrimenti l'acqua avrebbe potuto facilmente defluirgli attorno.

Quest'intuizione di Ipparco, lungi dall'essere un isolato colpo di fortuna deduttiva, fu solo uno dei tanti risultati in cui egli seppe sfruttare al meglio gli scarsi dati sperimentali disponibili. Ad esempio, nel trattato *Sulle variazioni dei punti equinoziali* egli notò che le sue osservazioni non concordavano con quelle effettuate in precedenza, verso il –290, da Timocari di Alessandria.

E poiché l'errore era sistematico, «secondo l'ordine dei segni», ne dedusse questa volta la *precessione degli equinozi*. E la calcolò in circa 45 secondi annuali, molto prossimi al valore corretto di circa 50. Un fenomeno con un periodo di circa 26.000 anni fu dunque scoperto in base a due serie di osservazioni che distavano fra loro soltanto un secolo e mezzo!

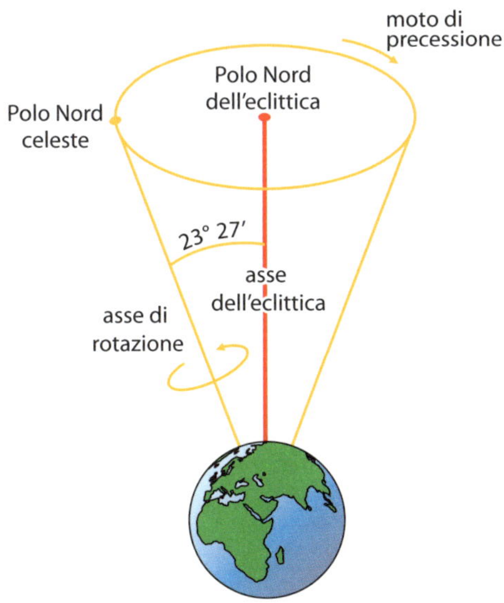

Nel trattato *Sulle dimensioni e le distanze del Sole e della Luna*, Ipparco proseguì invece il cammino di misura del cosmo intrapreso da Eratostene e Aristarco. Questa volta, i dati disponibili riguardavano un'eclisse avvenuta vicino alla sua città natale di Nicea, il 14 marzo –190. L'eclisse era stata totale nell'Ellesponto, il moderno stretto dei Dardanelli, ma ad Alessandria solo 4/5 del Sole erano stati oscurati dalla Luna.

Già Talete aveva notato che, durante le eclissi totali di Sole, la Luna lo copre quasi perfettamente. I loro diametri apparenti sono dunque uguali, e si potevano valutare a circa mezzo grado, o 30 secondi. La differenza tra le due eclissi era dunque di circa 6 secondi, ed era causata dalla distanza tra l'Ellesponto e Alessandria. Fatti i calcoli, Ipparco ne dedusse che le distanze minima e massima della Luna dalla Terra erano pari a 71 e 83 raggi terrestri. E andò di nuovo vicino al valore corretto, che è rispettivamente di 56 e 64 raggi, con un valor medio di 60.

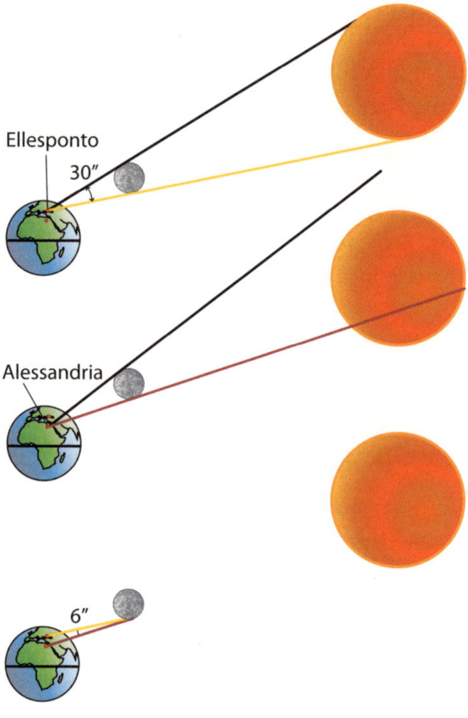

Last, but not least, Ipparco iniziò il «più lungo esperimento della storia», che durò quasi duemila anni, e fu concluso nel 1718 dall'astronomo Edmond Halley, quello della cometa. Questa volta, Ipparco intuì che le Stelle Fisse sono in realtà mobili, le une rispetto alle altre, benché il loro moto sia molto lento. Compilò allora una dettagliata mappa di un migliaio di stelle, che secondo la *Storia naturale* di Plinio doveva servire ai posteri per rilevare eventuali spostamenti degli astri.

Il catalogo divenne famoso, tanto da essere raffigurato sul globo che tiene in spalla l'Atlante Farnese: una statua romana del II secolo, conservata al Museo Archeologico di Napoli. Che la sua disposizione delle costellazioni fosse proprio quella del catalogo di Ipparco, lo si è capito solo di recente, nel 2005. E basandosi proprio sulla precessione degli equinozi scoperta dallo stesso Ipparco, è stato possibile datare la disposizione al –125, che è precisamente il periodo in cui fu compilato il catalogo!

Atlante Farnese, II secolo.
E calco della sfera terrestre retta da Atlante, 1930.

A parte il riassunto sull'Atlante Farnese, la versione completa della mappa stellare di Ipparco si perse, anche perché Tolomeo ne presentò un'edizione ampliata nell'*Almagesto*. Fu questa a essere tramandata nei secoli, fino a quando Halley notò che le coordinate di Sirio, Arturo e Aldebaran da lui misurate erano sensibilmente diverse da quelle riportate dagli antichi. E questo dimostrò che, effettivamente, le stelle si muovono.

Per inciso, nel catalogo di Ipparco le stelle sono identificate in base alla loro *latitudine* e *longitudine*. Pure questa fu una sua invenzione, ed egli insistette perché fosse adottata anche per indentificare i punti sul globo terrestre. La cosa attecchì, ovviamente, visto che ancor oggi continuiamo a usare lo stesso sistema di coordinate sferiche.

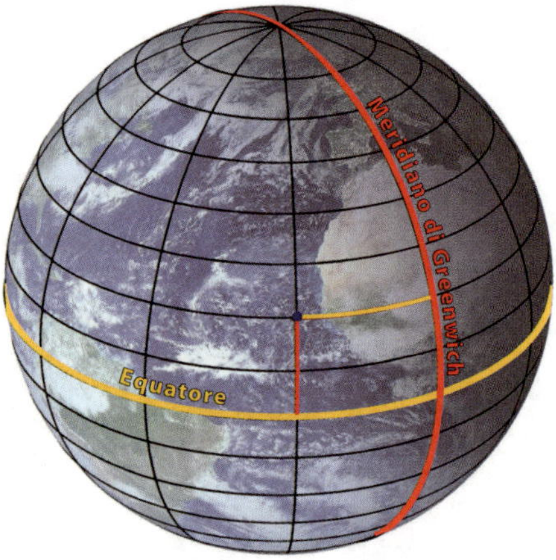

Equilibrismi sulle corde

Oltre a tutti questi suoi contributi scientifici, Ipparco scrisse anche un trattato di trigonometria in dodici libri, intitolato *Sulle corde dei cerchi*. La cosa non sorprende, visto che le corde sono ovviamente fondamentali per le applicazioni dei cerchi e delle sfere alla geografia e all'astronomia.

Ad esempio, già il calcolo delle proporzioni del Sistema Solare effettuato da Aristarco è sostanzialmente riducibile a un problema di corde. Per uno dei teoremi di Talete, infatti, un triangolo rettangolo è inscritto in una semicirconferenza, di cui i cateti sono corde e l'ipotenusa è il diametro.

Ora, in un cerchio, una corda individua in maniera univoca due angoli: uno al centro e uno alla semicirconferenza, di cui il primo è doppio del secondo. E questi angoli sono determinati non dalla lunghezza assoluta della corda, ma dal suo rapporto col raggio, o col diametro, del cerchio. Un rapporto che, per un altro dei teoremi di Talete, è lo stesso per tutti i triangoli simili, e dunque per tutti i cerchi.

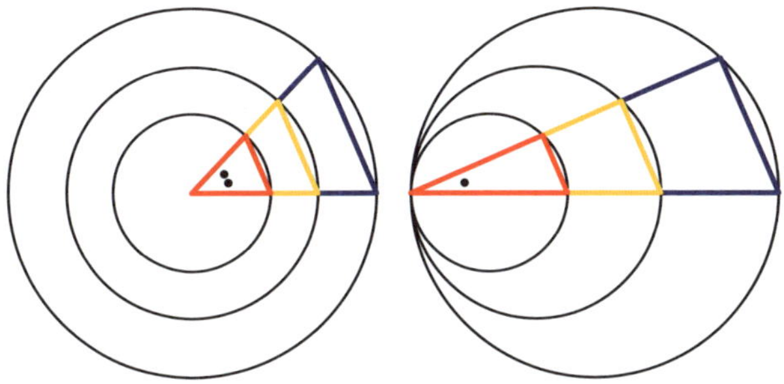

I Greci in generale, e Ipparco in particolare, divennero esperti di questi rapporti, ma non diedero loro nessun nome specifico. Il primo a farlo fu il matematico indiano Aryabhata, che verso il 500 chiamò *jiva*, «corda», il rapporto fra una corda e il diametro di un cerchio, prendendo ovviamente quest'ultimo come unità di misura.

Quando gli Arabi tradussero il trattato di Aryabhata, che era il primo grande libro della matematica indù, mantennero il termine *jiva*, ma lo pronunciarono *jiba* e lo trascrissero alla loro maniera: cioè, *jb*, senza vocali. I primi traduttori latini, in particolare Gherardo da Cremona nel secolo XII, non sapevano che si trattava di una parola indiana trascritta in arabo. Credettero che stesse per *jaib*, che aveva le stesse vocali, ma significava «insenatura» o «seno». E la tradussero appunto con *sinus*.

L'equivoco rimane ancor oggi. Spesso, infatti, si immagina falsamente che il nome «seno» abbia qualcosa a che fare col fatto che la corrispondente funzione, quando la si rappresenta graficamente in maniera cartesiana, ha una forma sinuosa, o ricorda una mammella:

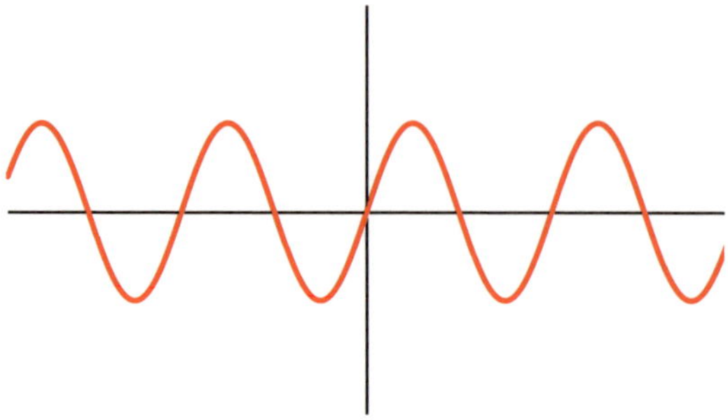

Nelle formule trigonometriche, il seno viene abbreviato in *sin*. E l'analogo coseno, che Aryabhata chiamava *kojiva*, viene abbreviato in *cos*. L'uso risale al Seicento, e lo si ritrova per la prima volta in un'opera di Edmund Gunter che spiega il funzionamento di una specie di regolo calcolatore. Queste abbreviazioni rimangono in uso tuttora e ovunque, anche se in Italia si preferisce a volte passare dal latino al volgare, cioè da *sin* a *sen*.

Lezione di anatomia femminile

Le definizioni originali del seno e del coseno legavano fra loro le corde e il diametro di un cerchio da un lato, e gli angoli dall'altro:

$$sin\ \alpha = \frac{\text{corda opposta ad } \alpha}{\text{diametro}}$$

e

$$cos\ \alpha = \frac{\text{corda adiacente ad } \alpha}{\text{diametro}}$$

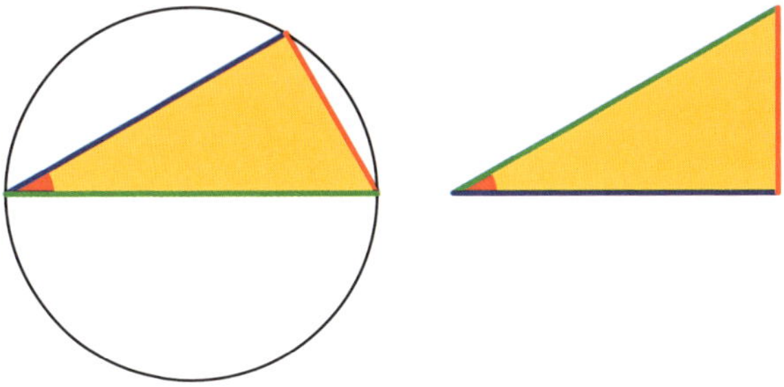

In seguito si notò che non c'è bisogno di riferirsi al cerchio, perché il triangolo rettangolo da solo è sufficiente. In tal caso, le definizioni legano fra loro i cateti e l'ipotenusa da un lato, e gli angoli dall'altro:

$$sin\ \alpha = \frac{\text{cateto opposto ad } \alpha}{\text{ipotenusa}}$$

e

$$cos\ \alpha = \frac{\text{cateto adiacente ad } \alpha}{\text{ipotenusa}}$$

Infine, ci si accorse che non è nemmeno necessario restringersi ai triangoli rettangoli. Un triangolo qualunque va bene, perché è sempre inscritto in un cerchio. E poiché gli angoli alla circonferenza che incidono su una stessa corda sono tutti uguali, *il seno di un angolo di un triangolo qualunque è il rapporto fra il lato opposto e il diametro del cerchio circoscritto.*

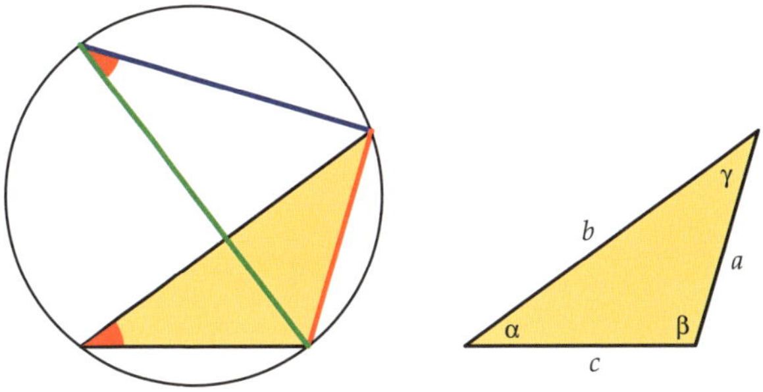

La cosa si può anche formulare dicendo che il diametro del cerchio circoscritto è uguale al rapporto fra il lato opposto all'angolo, e il suo seno. E poiché questo è vero per tutti gli angoli del triangolo, abbiamo così dimostrato la *legge dei seni*, esplicitamente enunciata per la prima volta da Nasir al-Tusi nel Duecento, ma implicitamente già nota a Euclide un millennio e mezzo prima: *in un triangolo qualunque, il rapporto fra il lato opposto all'angolo e il seno dell'angolo è costante.*

$$\frac{a}{\sin\alpha} = \frac{b}{\sin\beta} = \frac{c}{\sin\gamma}$$

Nonostante la banalità della sua dimostrazione, la legge dei seni costituisce una generalizzazione dei criteri di uguaglianza ALA e LAL dei triangoli. E permette di ricavare tutti gli angoli e i lati di un triangolo, conoscendone soltanto un lato e due angoli, o un angolo e due lati. Nel primo caso, il lato non deve necessariamente essere compreso fra i due angoli. E nel secondo caso, l'angolo non deve necessariamente essere compreso fra i due lati. Ma allora ci possono essere due triangoli come soluzione:

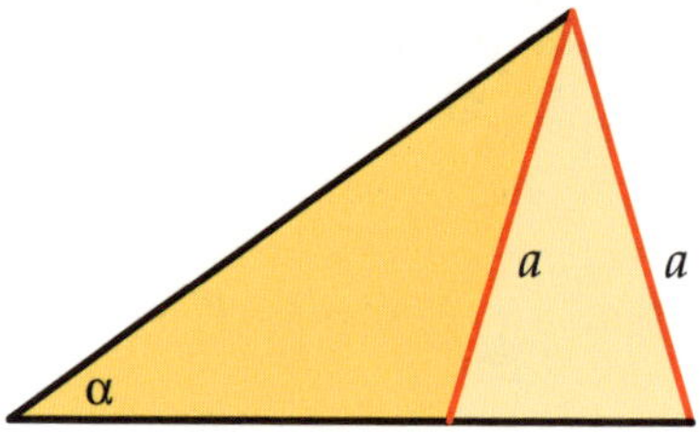

Quanti gradi ci sono oggi?

I seni e i coseni sono rapporti fra segmenti, e dunque si esprimono attraverso numeri puri. Diverso è il discorso per gli angoli, per misurare i quali è necessaria un'unità di misura.

In origine si faceva riferimento all'angolo retto, o a qualcosa di equivalente, come l'angolo piatto o l'angolo giro. Aristarco, come abbiamo visto, identificava ancora l'angolo ottenuto nella sua misura del Sistema Solare come 1/30 di angolo retto.

Fu Ipparco a passare all'unità di misura oggi comune: il *grado*, indicato con °, e definito come *un 360esimo dell'angolo giro*. O, equivalentemente, *un 180esimo dell'angolo piatto*. O *un 90esimo dell'angolo retto*. E fu sempre Ipparco a suddividere poi ulteriormente un grado in 60 *minuti primi*, e un minuto primo in 60 *minuti secondi*.

In questa scelta, ci sono ovvie reminiscenze del sistema sessagesimale dei Babilonesi. Forse il 360 deriva dal fatto che l'angolo giro si poteva facilmente dividere in 6 parti, inscrivendoci un esagono, e ciascuna di esse si poteva poi dividere in 60 alla maniera babilonese, e così via. O forse deriva dal fatto che 360 giorni, suddivisi in 12 mesi di 30 giorni, costituivano una comoda approssimazione dell'anno solare e del mese lunare, così come dello Zoodiaco.

Orologio astronomico in piazza San Marco a Venezia.

Il nome greco per il grado era *moira*, «parte». Gli Arabi lo tradussero in *daraja*, «gradino», che in latino divenne *gradus*. Quanto ai minuti e ai secondi, i Greci li chiamavano semplicemente «prima parte» e «seconda parte». In latino si aggiunse l'aggettivo *minuta*, «piccola», e si parlò di *pars minuta prima* e *pars minuta seconda*. Noi, più sbrigativi, abbiamo contratto il tutto in «minuto» e «secondo».

Poco più di un secolo fa si è cominciato a misurare gli angoli anche con un altro sistema: quello circolare dei *radianti*. Il nome risale al 1871, e fu inventato da James Thomson. Singolarmente, suo fratello William era il famoso Lord Kelvin, che ha dato invece il nome al sistema di gradi di temperatura che parte dallo zero assoluto.

La parola «radiante» deriva da *radius*, «raggio». E un radiante è appropriatamente definito come *l'angolo che corrisponde a un arco di circonferenza lungo quanto il raggio*. In questo sistema, dunque, l'angolo giro misura 2π, l'angolo piatto π e l'angolo retto $\pi/2$. Viceversa, un radiante corrisponde al rapporto tra 360 gradi e 2π, e vale dunque 57,29 gradi.

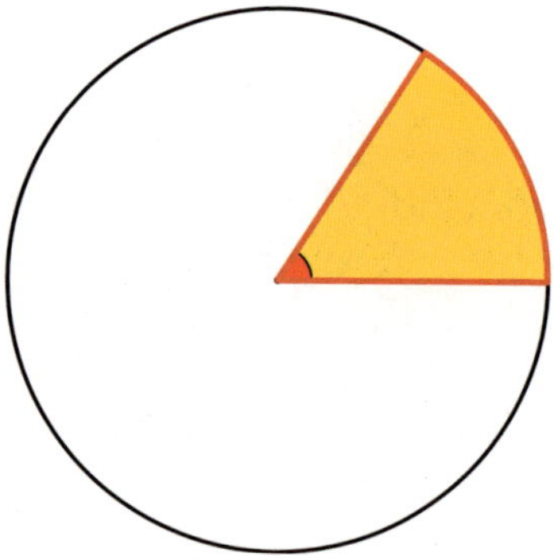

Curiosamente, le tavole di seni di Ipparco erano riferite a un cerchio di diametro $3438 = 57{,}3 \times 60$ unità. Il che fa ritenere che, come in tanti altri campi, egli sia stato il primo ad arrivare anche ai radianti.

La Somma Summa

Purtroppo il trattato trigonometrico di Ipparco è andato perduto, e non sappiamo esattamente che cosa contenesse. Idem per il posteriore trattato di Menelao, intitolato anch'esso *Sulle corde dei cerchi*. Sicuramente, entrambi sono confluiti nell'opera astronomica più famosa dell'antichità: l'*Almagesto* di Claudio Tolomeo, che risale al 150 circa.

Dell'autore non si sa molto, a parte l'ascendenza romana dedotta dal nome Claudio. Della sua opera, invece, si sa tutto. Anche perché divenne il testo fondamentale dell'ortodossia geocentrica, che fu appunto chiamata «sistema tolemaico». Quasi tutti gli ingredienti tecnici fondamentali, però, erano stati sviluppati in precedenza da altri: in particolare, Eudosso, Apollonio e Ipparco.

Questi ingredienti, insieme ai perfezionamenti dovuti a Tolomeo stesso, confluirono nei tredici libri della *Sintassi Matematica*, dove «sintassi» va intesa come «compendio» (da *syn*, «con», e *taxis*, «disposizione»). I posteri la chiamarono *Somma Sintassi*, usando il superlativo *meghiste*, «grandissimo» (da *megas*, «grande»). Gli Arabi lo tradussero con *Al Majisti*, che fu a sua volta ritradotto con *Almagesto*. Di qui il suo strano nome, che si potrebbe parafrasare con «Somma Summa», o «Maestoso Trattato».

Quest'opera conclude il grande e glorioso periodo della matematica greca ed ellenistica. Dopo Tolomeo ci saranno ancora alcuni compilatori e commentatori importanti: in particolare, Erone verso il 250, Pappo verso il 300 e Teone nel secolo successivo. Ma poi arriverà il Cristianesimo, che assassinerà ad Alessandria la figlia di Teone, la famosa Ipazia, e dovunque il pensiero razionale e scientifico. In seguito, per circa un millennio, la matematica emigrerà altrove: in particolare, nei paesi arabi.

Operazioni al seno

Per arrivare alla sua stima delle dimensioni del Sistema Solare, Aristarco effettuò il primo vero calcolo trigonometrico della storia, e ottenne correttamente:

$$sin\ 3^\circ \approx \frac{1}{19}$$

Tolomeo in un particolare di un disegno di Raffaello Sanzio, 1500-20. E, di spalle, mentre regge il globo terrestre nella *Scuola di Atene*, sempre di Raffaello Sanzio, 1508-11.

Charles William Mitchell, *Ipazia*, 1885.

Come, è un'altra faccenda. Passare dai seni agli angoli, e viceversa, non è infatti per niente semplice. O almeno, non lo è usando le definizioni geometriche, che furono le uniche disponibili per quasi due millenni. Solo Madhava fra Tre e Quattrocento in India, e Newton nel Seicento in Europa, trovarono le serie analitiche per le funzioni trigonometriche, che finalmente permisero un loro calcolo diretto e accurato.

Prima di allora erano necessari funambolismi geometrici, come appunto quello di Aristarco. La soluzione adottata in pratica, a partire da Ipparco, fu di compilare tavole trigonometriche che dessero i valori del seno e del coseno a intervalli regolari, che si potevano poi interpolare ulteriormente. Ad esempio, nel caso delle tavole di Tolomeo, gli intervalli erano di un quarto di grado.

Lo scheletro di queste tavole era costituito dai seguenti valori, che si ottengono facilmente usando il teorema di Pitagora. In particolare, considerando triangoli rettangoli isosceli nel caso dell'angolo di 45°, e semitriangoli equilateri nel caso degli angoli di 30° e 60°:

gradi	*radianti*	*seno*	*coseno*
0	0	0	1
30	$\pi/6$	$1/2$	$\sqrt{3}/2$
45	$\pi/4$	$1/\sqrt{2}$	$1/\sqrt{2}$
60	$\pi/3$	$\sqrt{3}/2$	$1/2$
90	$\pi/2$	1	0

Ma non era necessario calcolare tutti questi valori. Come si vede, infatti, nella tabella ci sono ovvie simmetrie, che valgono in generale. Anzitutto, per il teorema di Pitagora, il seno e il coseno di uno stesso angolo sono legati fra loro, e conosciuto uno si conosce anche l'altro:

$$sin^2 \alpha + cos^2 \alpha = 1$$

Inoltre, poiché in un triangolo rettangolo il cateto opposto a un angolo è adiacente all'altro, conosciuto il seno di uno si conosce il coseno dell'altro, e viceversa. E poiché i due angoli acuti sommano a un angolo retto,

$$sin\,(90^\circ - \alpha) = cos\,\alpha \qquad \text{e} \qquad cos\,(90^\circ - \alpha) = sin\,\alpha.$$

Soltanto con queste relazioni, non si va comunque molto lontano. Il vero salto di qualità lo si fa trovando un modo per passare dai seni e coseni di un angolo, a quelli del suo doppio o della sua metà. O un modo per passare dai seni e coseni di due angoli, a quelli della loro somma o differenza.

Ad esempio, per trovare il seno di un angolo doppio, si può anzitutto duplicare un triangolo rettangolo *ABC*, ottenendo un quadrilatero *ABCB'*. Per simmetria, le due altezze si incontrano in uno stesso punto *H*, e ciascuna divide il relativo triangolo rettangolo in due triangolini simili, alla maniera di una nostra vecchia conoscenza: la dimostrazione «parsimoniosa» del teorema di Pitagora.

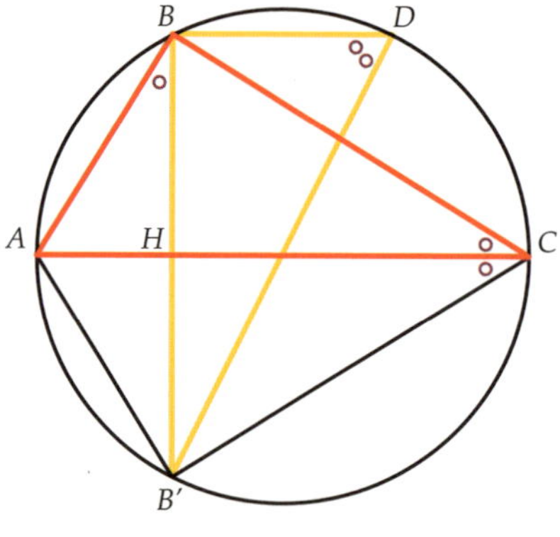

Naturalmente, il quadrilatero così costruito è inscritto in un cerchio. Tirando il diametro che parte da *B'* e arriva a D, si individua un nuovo triangolo rettangolo *B'DB*. E l'angolo formato dal triangolo in *D* è uguale a quello formato dal quadrilatero in *C*, perché in entrambi i casi si tratta di angoli alla circonferenza, individuati dalla stessa corda *BB'*.

Si tratta ora di paragonare i vari seni e coseni. Anzitutto, per le definizioni nei vari triangoli:

$$\frac{BB'}{DB'} = sin\ 2\alpha \qquad \frac{AB}{AC} = sin\ \alpha \qquad \frac{BH}{AB} = cos\ \alpha$$

Ma *BB'* è il doppio di *BH*. E *DB'* e *AC* sono uguali, essendo entrambi diametri del cerchio. Si ottiene così la formula di *duplicazione per il seno*:

$$sin\ 2\alpha = 2\ sin\ \alpha\ cos\ \alpha$$

Da questa formula, a cascata, si possono poi ottenere la formula di *duplicazione per il coseno*, e le formule di *bisezione per il seno e il coseno*.* Tutte queste formule, e molte altre, erano già note a Ipparco.

Nell'*Almagesto* esse sono tutte dedotte dal cosiddetto *teorema di Tolomeo*, che costituisce una generalizzazione del teorema di Pitagora: *in un quadrilatero inscritto in una circonferenza, il rettangolo costruito con le diagonali è uguale alla somma dei rettangoli costruiti con i lati opposti.*

Nel caso del quadrilatero considerato sopra, questo significa che

$$AC \cdot BB' = 2\ AB \cdot BC$$

ed è solo un modo geometrico di scrivere la formula trigonometrica che abbiamo appena dimostrato.

Ricavando in maniera diretta alcuni valori, come quelli della tabella precedente, e usando sistematicamente le varie formule di operazioni per il seno e il coseno, come quella appena dimostrata, con infinita pazienza si può costruire «per gradi» l'intera tavola di Tolomeo.

* Per curiosità, esse sono:

$$cos\ 2\alpha = 1 - 2\ sin^2\alpha \qquad sin\ \frac{\alpha}{2} = \sqrt{\frac{1 - cos\ \alpha}{2}} \qquad cos\ \frac{\alpha}{2} = \sqrt{\frac{1 + cos\ \alpha}{2}}$$

La prima tangente edilizia

Nel papiro di Rhind, che ben conosciamo, il Problema 56 chiede:

> Se una piramide è alta 250 cubiti, e il lato della sua base è di 360 cubiti, qual è la sua *seked*?

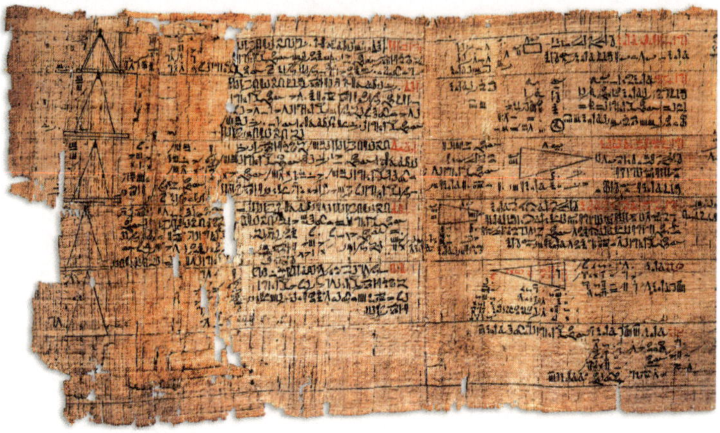

Problema 56 del *Papiro di Rhind*.

Per risolverlo, bisogna anzitutto conoscere l'egiziano. Ma guardando la soluzione riportata nel papiro, che è 18/25, si deduce che la *seked* era il rapporto fra metà base e l'altezza.

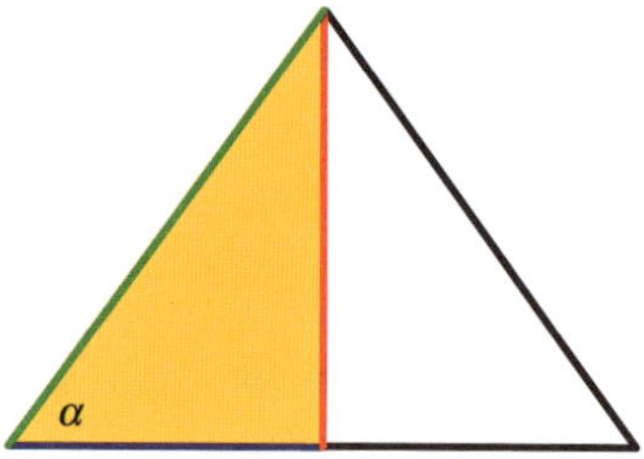

In termini di triangoli rettangoli, questo non è altro che un rapporto fra i due cateti. E si traduce nella definizione di due ulteriori funzioni trigonometriche, chiamate *tangente* e *cotangente*, e abbreviate con *tan* e *cot*:

$$tan\ \alpha = \frac{\text{cateto opposto ad } \alpha}{\text{cateto adiacente}}$$

e

$$cot\ \alpha = \frac{\text{cateto adiacente ad } \alpha}{\text{cateto opposto}}$$

La *seked* egiziana era dunque la cotangente dell'angolo formato dalle facce della piramide con la base. E misurava l'inverso della *pendenza*, che in una scala è il rapporto fra l'alzata e la pedata: cioè, la tangente.

Il motivo per usare la cotangente è che, volendo costruire le facce della piramide con una pendenza fissa, bisognava appunto procedere dall'esterno, mantenendo fisso il rapporto tra quanto si voleva avanzare e quanto si doveva costruire in altezza. E così si fa appunto in architettura ancor oggi, benché non più per le piramidi.

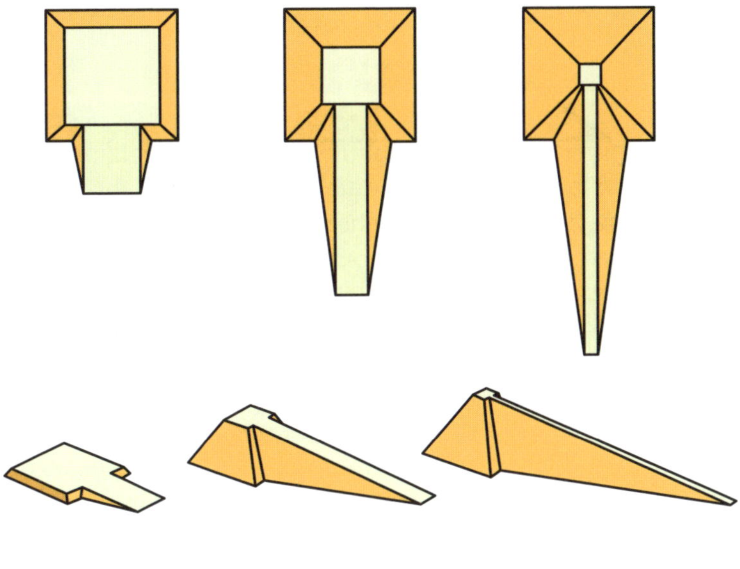

L'arabo al-Battani, conosciuto anche come Albatenio, si accorse verso il 900 che la tangente e la cotangente si possono facilmente ricavare dal seno e dal coseno, «eliminando il denominatore comune» (l'ipotenusa del triangolo rettangolo):

$$tan\ \alpha = \frac{sin\ \alpha}{cos\ \alpha} \qquad cot\ \alpha = \frac{cos\ \alpha}{sin\ \alpha}$$

Quanto alle reciproche relazioni, basta guardare la figura per accorgersi che un angolo, misurato in radianti, è compreso fra il seno e la tangente, di nuovo «eliminando il denominatore comune» (il raggio del cerchio):

$$sin\ \alpha < \alpha < tan\ \alpha$$

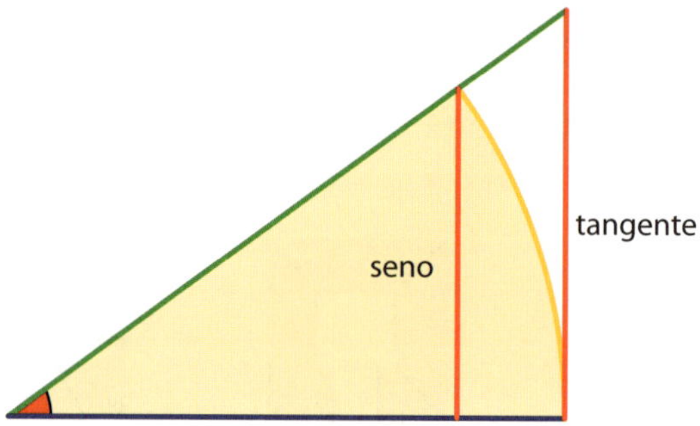

La stessa figura spiega anche il nome *tangente*, che deriva dal fatto che essa viene appunto misurata dalla tangente al cerchio, così come il seno viene misurato dalla semicorda parallela. Il primo a chiamare la tangente in questo modo fu il matematico danese Thomas Fincke nel 1583. Prima si usavano i nomi di *umbra recta*, «ombra diritta», e *umbra versa*, «ombra riversa», per le ombre prodotte da uno gnomone piantato, rispettivamente, nel muro o per terra.

Quanto alle funzioni stesse, benché già usate in pratica dagli Egizi, esse furono isolate in teoria soltanto nel IX secolo dagli Arabi. In particolare, la prima tavola di tangenti è dovuta a al-Khuwarizmi, dal cui nome deriva il termine «algoritmo». E la prima tavola di cotangenti è dovuta a al-Mervazi, che veniva chiamato «il calcolatore».

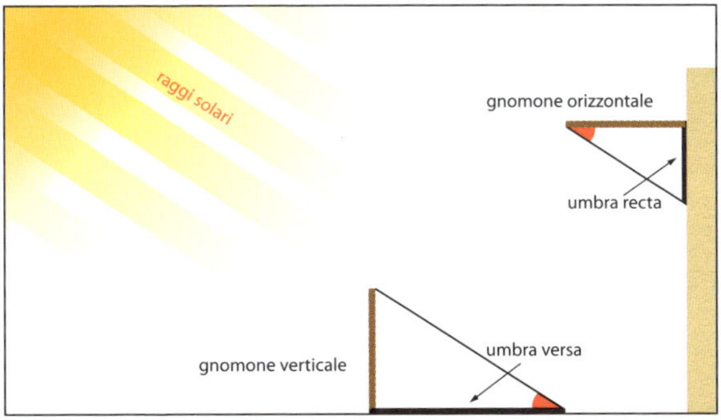

In quello stesso secolo al-Battani definì anche gli inversi di seno e coseno, chiamati rispettivamente *cosecante* e *secante*, e ne compilò le prime tavole. Fu così completata la lista delle sei *funzioni trigonometriche*, definite come i possibili rapporti fra i lati di un triangolo rettangolo (ce ne sono sei, perché ognuno dei tre lati può essere messo in rapporto con gli altri due).

Come dimostrano i nomi appena citati, a questo punto il testimone della matematica era ormai passato nelle mani degli Arabi. Si era così conclusa l'era eroica della geometria classica, alla quale abbiamo dedicato la prima parte della nostra storia. Quando affronteremo la seconda, dedicata alla geometria moderna, dovremo dunque iniziare dagli Arabi. Ma per ora ci fermiamo qui.

Referenze fotografiche

pag. 7 Marc Chagall, *La passeggiata*, San Pietrburgo, Museo Statale Russo. © 2010 Foto Scala - © Chagall ®, by SIAE 2010.

pag. 10 Orecchio interno, canali semicircolari. Foto © SPL / Contrasto.

pag. 12 Van Gogh, *La stanza di Arles*, Parigi, Musée d'Orsay. © 2010 Foto Scala.

pag. 17 Picasso, *Ritratto di Ambroise Vollard*, Mosca, Museo Pushkin. Foto Archivi Alinari. © Succession Picasso, by SIAE 2010.

Particolare di testa di mosca. Foto © SPL / Contrasto.

pag. 19 Limature di ferro attorno a una calamita. Foto © SPL / Contrasto.

pag. 20 Fiore a luce naturale e ultravioletta. Foto SPL / Contrasto.

pag. 24 Papiro di Rhind. Londra, British Museum - © Photoservice Electa / AKG Images.

pag. 31 Piramide di Zoser. © 2010 Foto Scala.

Piramide di Dashur. © 2010 Foto Werner Forman Archive / Scala.

Piramide di Cheope. Foto © Olycom.

pag. 39 Aum. Foto © World Religions Photo Library / Alamy.

pag. 40 Scultura in un tempio nepalese. Foto © Alamy/Milestonemedia.it.

pag. 44 Van Eyck, Polittico di Gand, *Adorazione dell'agnello mistico* (part.), Gand, San Bavone. © 2010 Foto Scala.

Andria, Castel del Monte. © 2010 De Agostini Picture Library / Scala.

pag. 48 La Mecca, Ka'-ba. © Images Media Partners Ltd / Impact Photos / Alamy.

Isamu Noguchi, *Cubo rosso*, 1968, New York, Marine Midland Bank. Foto © Andrea Jemolo / Corbis.

pag. 50 Borobodur. Foto © ImageState / Alamy.

pag. 55 Raffaello, Talete in un particolare della *Scuola di Atene*, Città del Vaticano, Musei Vaticani, Stanza della Segnatura.

pag. 58 Roma, Piazza del Popolo, obelisco egizio. © 2010 Foto Scala.

pag 70 Raffaello, Pitagora in un particolare della *Scuola di Atene*, Città del Vaticano, Musei Vaticani, Stanza della Segnatura.

pag. 74 Piet Mondrian, *Composizione con rosso, blu e giallo*, 1930, Zurigo, Kunsthaus. Foto © E. Lessing / Contrasto.

Van Doesburg, *Controcomposizione V*, 1924, Amsterdam, Stedelijk Museum.

pag. 75 Tavoletta cuneiforme rinvenuta a Tell Harmal (2000 a.C.), Bagdad, Iraq Museum. Foto © Bridgeman Art Library / Archivi Alinari.

pag. 76 Gino Severini, *Maternità*, Cortona, Museo dell'Accademia Etrusca di Cortona. © 2010 Scala - © by SIAE 2010.

pag. 80 Piero della Francesca, *Flagellazione*, Urbino, Palazzo Ducale, Galleria Nazionale delle Marche. Foto © Archivi Alinari, su concessione Ministero Beni e Attività Culturali.

pag. 81 Conchiglia del Nautilus. Foto SPL / Contrasto.

pag. 85 Mao in una foto del 1967. Foto © Bettmann / Corbis.

pag. 86 Robert Indiana, *La cifra cinque* 1963, Washington D.C., Smithsonian American Art Museum. © 1963 Robert Indiana, © 2010 Foto Smithsonian American Art Museum / Art Resource / Scala - © by SIAE 2010.

pag. 87 Salvador Dalì, *Leda atomica*, Figueres, Fondazione Gala-Salvador Dalì. © Salvador Dalì, Gala-Salvador Dalì Foundation, by SIAE 2010.

pag. 90 Tholos di Atena a Delfi. Foto © Alamy / Milestonemedia.it.

pag. 107 *Dio creatore dell'universo*, miniatura della Bible Moralisée, Cod. 2554f.1v., Vienna, Oesterreichische Nationalbibliothek. Foto © Austrian National Library / Archivi Alinari.

William Blake, *Ancient of Days*, 1794, Whitworth Art Gallery, The University of Manchester. Foto © Bridgeman Art Library / Archivi Alinari.

Simbolo massonico. Foto Granger Collection / Archivi Alinari.

pag. 108 Raffaello, Platone e Aristotele, particolare della *Scuola di Atene*, Città del Vaticano, Musei Vaticani, Stanza della Segnatura.

pag. 111 Salvador Dalì, *L'ultima cena*, 1955, Washington D.C., National Gallery of Art. Foto © The Bridgeman Art Library / Archivi Alinari - © Salvador Dalì, Gala-Salvador Dalì Foundation, by SIAE 2010.

pag. 122 Cristalli di pirite. Foto © SPL / Contrasto.

Diamante. Foto © Alamy / Milestonemedia.it.

pag. 124 Keplero, *Mysterium cosmographicum*. Foto Granger Collection / Archivi Alinari.

Luca Pacioli, *Dodecaedro pieno e dodecaedro vacuo*, incisioni per *La Divina Proporzione* di Luca Pacioli, tav. XXVII, folio 104, verso e tav. XXVIII, folio 105 recto. © Veneranda Biblioteca Ambrosiana, Milano / De Agostini Picture Library / concesso in licenza ad Archivi Alinari.

pag. 128 Raffaello, Euclide in un particolare della *Scuola di Atene*. Città del Vaticano, Musei Vaticani, Stanza della Segnatura.

pag. 132 Vasilji Kandinskij, *Piccolo sogno in rosso*, 1925, Berna, Kunstmuseum. © Photoservice Electa / AGK Images © by SIAE 2010.

pag 133 Georges Seurat, *Modella di profilo*, Parigi, Musée d'Orsay. Foto © RMN (Musée d'Orsay) / René-Gabriel Ojéda-Reunion des Musée Nationaux / distr. Archivi Alinari.

pag. 137 Robert Delaunay, *Manège des cochons*, 1922, Parigi, Musée National d'Art Moderne - Centre Pompidou. © 2010 White Images / Scala - © by SIAE 2010.

Sonia Delaunay, *Prismes electriques* 1914, Parigi, Musée National d'Art Moderne - Centre Pompidou. © 2010 White Images / Scala - © by SIAE 2010.

Kenneth Noland, *Turnsole*, 1961, New York, Museum of Modern Art. © 2010 Digital Image The Museum of Modern Art, NY / Scala - © by SIAE 2010.

Kenneth Noland, *Sounds in the Summer Night*, 1962, New York, Museum of Modern Art, The William S. Paley Collection. © 2010 Digital Image The Museum of Modern Art, New York / Scala, Firenze © by SIAE 2010.

pag. 138 Sezione del Duomo di Milano. © Photoservice Electa / Anelli.

pag 139 Kazimir Malevič, *Quadrato rosso*, 1915, San Pietroburgo, Museo Statale Russo. © 2010 Foto Scala.

Kazimir Malevič, *Quadrato nero e quadrato rosso*, 1920, Ludwigshafen, Wilhelm-Hack Museum.

Josef Albers, *Omaggio al quadrato*, 1955. Buffalo, (NY) Albright Knox Art Gallery, Gift of the Seymour H. Knox Foundation Inc. 1969. © 2010 Albright Knox Art Gallery / Art Resource NY / Scala, Firenze - © by SIAE 2010.

Josef Albers, *Omaggio al quadrato: Solitario*, 1963, Newark, The Newark Museum. © ARS NY © 2010 Foto The Newark Museum / Art Resource / Scala, Firenze © by SIAE 2010.

pag. 153 Domenico Fetti, *Archimede*, Dresda, Gemaeldegalerie Alte Meister, Staatliche Kunstsammlungen. © 2010 Foto Scala, Firenze / BPK Berlin.

pag. 154 Giulio Parigi, *Mano di ferro* e *Specchio ustorio*, affreschi della Stanza della Matematica, Firenze, Uffizi. Foto © Raffaello Bencini / Archivi Alinari.

pag. 163 Il Grande Stupa di Sanchi. Foto © Alamy / Milestonemedia.it.

pag. 164 Sfera di Agua Buena, Costa Rica. Foto © Alamy / Milestonemedia.it.

pag. 165 Arnaldo Pomodoro, *Sfera con sfera*, 1990, Vaticano, Cortile della Pigna. © 2010 Foto Scala, Firenze.

Fritz Koenig, *Grande cariatide sferica*, 1971, New York, World Trade Center. Foto © Alamy / Milestonemedia.it.

pag. 167 Foto © SPL / Contrasto.

In basso: sfera armillare tolemaica proveniente da Roma, Adam Heroldt, Londra, Science Museum. Foto © Bridgeman Art Library / Archivi Alinari.

pag. 176 Osservatorio astronomico di Las Campanas (Cile). Foto © RCS / Gestione Fratelli Alinari.

pag. 178 *Icosaedro troncato pieno* e *Icosaedro troncato vacuo*, incisioni per *La Divina Proporzione* di Luca Pacioli, tav. XXIII, folio 102 verso e tav. XXIIII, folio 103 recto. © Veneranda Biblioteca Ambrosiana, Milano / De Agostini Picture Library, concesso in licenza ad Archivi Alinari.

Giovanni da Verona, tarsia con armadio aperto, particolare, Verona, Santa Maria in Organo. © 2010 Foto Scala, Firenze.

pag. 180 Jacopo De' Barbari, *Ritratto di fra' Luca Pacioli*, Napoli, Museo di Capodimonte. © Archivi Alinari, su concessione del Ministero Beni e Attività Culturali.

pag. 182 Paolo Uccello, pavimento intarsiato nella Basilica di San Marco a Venezia. © 2010 Foto Scala, Firenze.

pag. 182, 183 Per gentile concessione Collezione Fondazione Lucio Saffaro, Bologna.

pag. 185 Tempio di Vesta. © 2010 Foto Scala su concessione Ministero Beni e Attività Culturali.

Accensione fiamma olimpica. Foto © AFP / Getty Images.

pag. 189 Aereo con ali ellittiche. © Denis Ivanov.

Piazza San Pietro. Foto © Alamy / Milestonemedia.it.

pag. 191 Gateway Arch a St.Louis. Foto © Alamy / Milestonemedia.it.

Antoni Gaudì, *La catenaria*, Barcellona, Casa Milà (La Pedrera). © Photoservice Electa / Aisa.

pag. 201 Copenhagen, Planetarium. Foto © Alamy / Milestonemedia.it.

pag. 208 Foto © SPL / Contrasto.

pag. 209 Esercitazioni di astronauti in assenza di gravità. © Photoresearcher / SIS Images.

pag. 216 Mappa del sistema tolemaico, Londra, British Library. © 2010 Scala / Heritage Images.

Mappa del sistema copernicano, Londra, British Library. © British Library Board. All Rights Reserved / The Bridgeman Art Library / Archivi Alinari.

pag. 226 Sydney, Opera House. Foto © Alamy / Milestonemedia.it.

pag. 231 Mappa lunare di Thomas Harriot. Foto © SPL / Contrasto.

pag. 239 *Atlante Farnese*. Napoli, Museo Archeologico Nazionale. Foto © L.Pedicini /Archivio dell'Arte.

Calco della sfera terrestre, Roma, Museo della Civiltà Romana.

pag. 247 Raffaello, *Tolomeo e Boezio* (part.), Venezia, Gallerie dell'Accademia. Foto © Archivi Alinari.

Raffaello, Tolomeo in un particolare della *Scuola di Atene*, Città del Vaticano, Musei Vaticani, Stanza della Segnatura.

Charles William Mitchell, *Ipazia*, Newcastle-upon-Tyne, Laing Art Gallery. © Photoservice Electa / AKG Images.

pag. 252 Papiro di Rhind, Londra, British Museum. © Photoservice Electa / AKG Images.

pag. 254 Gnomone. Foto © Alamy / Milestonemedia.it.

Indice dei nomi

Ringraziamenti

Ringrazio Francesco Anzelmo, Andrea Cane, Riccardo Cavallero, Gian Arturo Ferrari, Nicoletta Lazzari e Massimo Turchetta per aver creduto che questo libro fosse realizzabile. E l'iconografa Annamaria Biffi, la redattrice Marina Buttarelli e il grafico Sergio Pellaschiar per averlo realizzato.

Arnoldo Mondadori Editore S.p.A.

Questo volume è stato stampato
presso Mondadori Printing S.p.A.
Stabilimento Nuova Stampa Mondadori - Cles (TN)

Stampato in Italia - Printed in Italy